Katzen

Kennenlernen, Haltung,
Pflege und Züchtung

Katzen

Kennenlernen, Haltung,
Pflege und Züchtung

NEUER
KAISER
VERLAG

Inhalt

Einführung

Die Katzen (Felide)

Klassifizierung

Die Klassifizierung der Feliden sorgt immer wieder für mehr oder weniger intensive Diskussionen. Der Grund dafür sind geringfügige morphologische und genetische Unterschiede zwischen den einzelnen Spezies. Trotz der teilweise erheblichen Größenunterschiede – Extrembeispiele sind der Sibirische Tiger mit stattlichen 320 kg Körpergewicht und die nur etwa 1 kg leichte Schwarzfußkatze – stellen die Feliden eine ziemlich homogene Gruppe im Tierreich dar. Die zahlreichen Arten werden in Pantherine (Großkatzen) und Feline (Kleinkatzen) unterteilt. Lange Zeit war die taxonomische Einordnung des Geparden nicht gesichert, zunächst hielt man ihn für eine eigene Gattung, doch DNA-Analysen haben ergeben, dass es sich um einen nahen Verwandten des Pumas und des Jaguarundi, einer texanischen Wüstenkleinkatze, handelt. Abgesehen von Puma, Jaguarundi und Gepard, die oft auch als „Mittelkatzen" bezeichnet werden, fasst man die Großkatzen in der Unterfamilie Pantherine, Gattung *Panthera,* zusammen. Diese Gruppe schließt den Löwen, den Tiger, den Leoparden, den Luchs und zahlreiche kleinere afrikanische und asiatische Feliden ein. Die Großkatzen können brüllen, jedoch weder miauen, noch längere Zeit durchgehend schnurren. Durch dieses Unterscheidungsmerkmal fällt der Puma nicht in diese Klassifizierung, denn er schnurrt tatsächlich wie eine Hauskatze und wird von einigen Autoren in die Gattung *Felis* gereiht. Die Unterfamilie Feline, Gattung *Felis,* ist in Bezug auf die Verwandtschaft in drei Hauptlinien aufgegliedert, die Felinen der Neuen Welt (z. B. Ozelot) und die Felinen der Alten Welt, die wiederum in Pantherine (Leopardkatze, Serval) und Wildkatzen unterteilt sind, zu denen auch die Hauskatze zählt. Die Kleinkatzen unterscheiden sich von ihren großen Verwandten nicht nur durch einen besonderen Knochen an der Zungenwurzel, der ihnen die Fähigkeit zu schnurren verleiht, sondern auch durch die Tatsache, dass sie zusammengekauert fressen und viel Zeit für die Fellpflege aufwenden.

Der Serval gehört zur Unterfamilie der Pantherine und fällt durch sein besonders schön gezeichnetes, geflecktes Fell auf.

Die Klassifizierung der Feliden

Die Entschlüsselung des genetischen Codes der 38 verschiedenen Spezies der Feliden ließ die verwandtschaftlichen Beziehungen zwischen ihnen in einem neuen Licht erscheinen. Derzeit sieht die Klassifizierung folgendermaßen aus:

Klassifizierung

Unterfamilie	Verwandtschafts-gruppe	Spezies (deutsche Bezeichnung)	Spezies
Feline	Ozelot	Ozelot	*Leopardus pardalis*
		Tigerkatze	*Leopardus tigrinus*
		Langschwanzkatze	*Leopardus wiedi*
		Nachtkatze	*Oncifelis guigna*
		Pampaskatze	*Oncifelis colocolo*
		Salzkatze	*Oncifelis geoffrey*
		Andenkatze	*Oreailurus jacobita*
	Hauskatze	Wildkatze	*Felis silvestris*
		Hauskatze	*Felis catus*
		Rohrkatze	*Felis chaus*
		Graukatze	*Felis bieti*
		Schwarzfußkatze	*Felis nigripes*
		Sandkatze	*Felis margarita*
		Pallaskatze	*Otocolobus manul*
	Puma	Puma	*Puma concolor*
		Jaguarundi, Wieselkatze	*Herpailurus yaguaroundi*
		Gepard	*Acinonyx jubatus*
Pantherine	Panther	Löwe	*Panthera leo*
		Leopard	*Panthera pardus*
		Jaguar	*Panthera onca*
		Tiger	*Panthera tigris*
		Schneeleopard	*Uncia uncia*
		Nebelparder	*Neofelis nebulosa*
	Luchs	Luchs	*Lynx lynx*
		Pardelluchs	*Lynx pardinus*
		Kanadischer Luchs	*Lynx canadensis*
		Rotluchs	*Lynx rufus*
		Marmorluchs	*Pardofelis marmorata*
	Marmorkatze	Rostkatze	*Prionailurus rubiginosus*
	Serval	Serval	*Leptailurus serval*
	Caracal	Wüstenluchs	*Caracal caracal*
	Goldkatze	Afrikanische Goldkatze	*Profelis aurata*
		Temminck-Goldkatze	*Catopuma temmincki*
		Borneo-Goldkatze	*Catopuma badia*
	Leopardkatze	Bengalkatze	*Prionailurus bengalensis*
		Flachkopfkatze	*Prionailurus planiceps*
		Fischkatze	*Prionailurus viverrinus*
		Iriomote-Katze	*Maylairurus iriomotensis*

Evolution

Die Landraubtiere, darunter auch die Katzen, stammen von den Miaciden ab, einer Gruppe von Raubtieren, die vor etwa 60 Millionen Jahren die Wälder bevölkerten. Die ältesten paläontologischen Funde stammen aus dem Oligozän (vor etwa 34 Millionen Jahren), als der *Proailurus* erschien, der erste bekannte Vertreter der Feliden. Er war etwa so groß wie eine Hauskatze und jagte in den tropischen Urwäldern. Zehn Millionen Jahre später, im Miozän, stand der *Pseudaelurus* an der Spitze zweier großer Evolutionslinien katzenartiger Raubtiere, deren bekannteste Vertreter die Machairodontidae oder Säbelzahnkatzen sind. Die Säbelzahnkatzen besaßen charakteristische, säbelartig gekrümmte obere Eckzähne. Viele Zoologen hielten diese für „exzessiv", doch sie müssen den Tieren wohl einen Vorteil verschafft haben. Der Wissenschaftler G. C. Simpson bemerkte aber dazu: „Falls die langen, gekrümmten Zähne diese Katzen beim Fressen wirklich behinderten, wie manche behaupten, dann haben sie immerhin 40 Millionen Jahre gebraucht, um zu verhungern."
Die Machairodontidae dominierten vom Miozän bis zum Ende des Pleistozäns. Die letzten Vertreter der Gattung waren das *Homotherium* mit türkensäbelartigen Eckzähnen und der große und mächtige *Smilodon,* der Säbelzahntiger. Die beiden Jäger starben erst vor etwa 13 000 Jahren aus. Aus dem zweiten Evolutionsarm entwickelte sich die große Gruppe *Panthera* vor etwa fünf Millionen Jahren, vor etwa drei Millionen Jahren im unteren Pliozän spaltete sich die Linie der Luchse ab und bildete eine homogene Gruppe. Die modernen Arten der Pantherinen haben sich im Laufe des Quartärs in den letzten 100 000 Jahren entwickelt. Vor etwa neun Millionen Jahren erschienen die ersten Vorfahren der Kleinkatzen der Alten Welt, zu denen auch die Wildkatze gehört. Die Wildkatze ist asiatischen Ursprungs und tritt erstmals im unteren Pleistozän mit der Spezies *Felis lunensis* in Erscheinung. Anschließend breiten sich diverse Subspezies in der gesamten Alten Welt aus.

Neue DNA-Analysen haben eine enge Verwandtschaft zwischen Gepard, Puma und Jaguarundi (auch Wieselkatze oder Eyra genannt) ergeben.

Öko-Ethologie

Die wilden Feliden sind auf sämtlichen Landmassen mit Ausnahme von Australien, Madagaskar und der Antarktis verbreitet. Felide leben hauptsächlich als Einzelgänger, eine Ausnahme stellen die Löwen dar, sie leben in stabilen Rudeln. Auch Hauskatzen und verwilderte Stadtkatzen bilden oft sippenartige Gruppen und Kolonien und werden daher auch als „Stadtlöwen" bezeichnet. Sie zählen zu den Pirschjägern, das heißt, sie benutzen die Taktik, sich vorsichtig an die Beute anzuschleichen und dann blitzschnell aus dem Hinterhalt zuzuschlagen, anstatt Verfolgungsjagden im offenen Gelände zu unternehmen. Darin unterscheidet sich nur der Gepard von seinen Artgenossen, er ist auf kurzen Strecken das schnellste landlebende Säugetier der Welt. Zum Lauern und Anschleichen benötigt die Katze eine entsprechend gute Tarnung, daher trägt sie ein geflecktes oder

Bengal Brown Tabby Spotted. Die Rasse Bengal stellt eine Kreuzung zwischen Hauskatze (Felis catus) *und Bengalkatze* (Felis bengalensis) *dar.*

gestreiftes Fell, das ihren Körper optisch mit der Umgebung verschmelzen lässt. Doch gerade wegen ihres schönen Fells sind zahlreiche Felidenarten heutzutage vom Aussterben bedroht. Außerdem schränkt die zunehmende Zersiedelung des Naturraums durch den Menschen die oft in einem großen Revier herumstreifenden Jäger in ihrer Bewegungsfreiheit so stark ein, dass die Populationen beängstigend schrumpfen. Nach Studien der IUCN *(International Union for Conservation of Nature)* lebt die am stärksten bedrohte Art keineswegs in einem fernen tropischen Land, sondern im nahen Spanien: Es ist der Pardelluchs. Es gibt bereits zahlreiche groß angelegte, internationale Programme zur Rettung des Tigers, die weniger bekannte Situation der Kleinkatzen ist jedoch nicht minder bedrohlich. Die letzte neue Felinenart gehört zu den Kleinfleckkatzen, wurde 1986 in Mexiko entdeckt und ist heute auch unter dem aztekischen Namen „Onza" bekannt.

Die Abstammung der Katze

Da die meisten Spezies der Felinen nach der Zeitrechnung der Evolution noch nicht besonders alt sind, haben sie die Fähigkeit bewahrt, auch bei Kreuzungen unter verschiedenen Arten fruchtbare Nachkommenschaft zeugen zu können. Man spricht in diesem Fall von Bastardierung. Löwen können sich also mit Tigern paaren, obwohl das in der Natur bisher noch nicht bekannt ist, ebenso ist das bei Hauskatzen und verschiedenen wilden Kleinkatzen möglich. Die Bengalkatze ist ein solches Beispiel. Die Rasse entstand aus einer Verpaarung der Hauskatze mit dem asiatischen Kleinleoparden *Felis (Prionailurus) bengalensis.*

Gerade wegen der morphologischen Ähnlichkeit und der nahen genetischen Verwandtschaft ist der Ursprung der Hauskatze bis heute nicht gänzlich geklärt.

Klassifizierung der Hauskatze

Stamm:	Chordatiere *(Chordata)*
Unterstamm:	Wirbeltiere *(Vertebrata)*
Klasse:	Säugetiere *(Mammalia)*
Ordnung:	Raubtiere *(Carnivora)*
Familie:	Katzenartige *(Felidae)*
Unterfamilie:	Kleinkatzen *(Felinae)*
Gattung:	Katze *(Felis)*
Spezies:	Hauskatze *(Felis catus)*

Einige Experten halten sie für den Abkömmling eines einzigen wilden Vorfahren namens *Felis silvestris*, andere wiederum sprechen von Kreuzungen mehrerer wilder Arten wie Pallaskatze *(Otocolobus manul)* und Rohrkatze *(Felis chaus)*. Neuere Untersuchungen tendieren eher zu ersterer Hypothese, somit wäre die Hauskatze eine domestizierte Form der Wildkatze *Felis sylvestris*, deren Lebensraum sich von Schottland bis Afrika und über ganz Asien erstreckte.

Unter den verschiedenen bekannten Subspezies der *Felis sylvestris* ist der wahrscheinlichste Urahne der domestizierten Hauskatze die afrikanische Wildkatze *Felis sylvestris libyca*. Die ersten Hinweise auf von Menschen gehaltene, domestizierte Katzen reichen ins Alte Ägypten zurück, wo diese Subspezies heimisch war. Sie ist außerdem die am wenigsten aggressive Art und damit am besten für ein Zusammenleben mit dem Menschen geeignet. Doch es ist ebenso möglich, dass sich die Rohrkatze in der ersten Phase der Domestizierung unter die Blutlinien der *Felis sylvestris libyca* mischte. Es gibt Hinweise dafür, dass beide Arten in Ägypten von Menschen gehalten wurden. Einige Funde mit Eigenschaften von Mischformen deuten auf eine Bastardierung hin.

Nach ihrer Domestizierung verbreitete sich die Hauskatze weit über die Grenzen des Mittleren Orients hinaus und kam auf diese Weise in Kontakt mit diversen anderen Subspezies der Hauskatze und anderen Spezies von Kleinkatzen.

Einige Experten schließen jedoch einen bedeutenden Einfluss auf die Entwicklung der Hauskatze aus, vor allem wegen des aggressiven und nur bedingt domestizierbaren Charakters dieser Spezies.

Die Domestizierung der Katze

Domestizierung

Die Domestizierung der Katze begann in Ägypten vor etwa 6000 Jahren, allerdings wurden bereits Knochenfunde kleiner Katzen zusammen mit menschlichen Knochen aus einer Zeit von vor 9000 Jahren in Mesopotamien, Südost-Anatolien und Jordanien entdeckt. Doch die Unterschiede im Körperbau der Hauskatzen zu den wilden Arten sind zu geringfügig, um mit Sicherheit sagen zu können, ob es sich bereits um von Menschen gehaltene Tiere der Spezies *Felis sylvestris lybica* handelt oder ob sie von wilden Katzen stammen, die wegen ihres Fells gefangen wurden. Sichere Beweise für ein friedliches Zusammenleben von Kleinkatze und Mensch findet man erst im Alten Ägypten, wo die Katze bereits ab dem 3. Jahrtausend v. Chr. in Bildern und Zeichnungen dargestellt wurde. Der erste Hinweis auf eine Domestizierung der wilden Spezies ist die Darstellung einer Katze mit Halsband in einem Grabmal der fünften Dynastie (etwa 2600 v. Chr.). Vom 17. Jahrhundert v. Chr. an erscheint das Katzenmotiv immer wieder in zahlreichen Zeichnungen, Skulpturen und Hieroglyphen, was von ihrer zunehmenden Verbreitung in der ägyptischen Kultur und in den Häusern der Menschen zeugt. Die Ägypter bewiesen besonderes Interesse und außerordentliches Geschick beim Domestizieren der unterschiedlichsten Tierarten wie Schimpansen, Paviane, Hyänen, Gänse, Krokodile, Löwen, Gazellen und anderer Huftiere. Die Domestizierung der Katze an sich war also in dieser Zeit und in dieser Kultur nichts Außergewöhnliches, ihre Rolle in der ägyptischen Symbolik und Religion war dennoch eine ganz besondere. Trotz ihres unbestrittenen Geschicks bei der Jagd auf die Nager, die die wertvollen Vorräte in den berühmten ägyptischen Kornspeichern heimsuchten, wurde die Katze von Anfang an nicht wegen ihrer Eignung als Mäusejägerin geschätzt, sondern als Kultobjekt und gottähnliche Figur verehrt.

Im Alten Ägypten bestand eine starke Verbindung zwischen der Leben spendenden Kraft der Sonne und der Kraft des Löwen. Der Sonnengott Ra und die großen Sphinxen vor der Pyramide von Gizeh sind ein eindrucksvolles Beispiel hierfür. Viele Gottheiten wie die Fruchtbarkeitsgöttin Bastet, Sekhmet, Mut oder Neith werden mit der Katze in Verbindung gebracht. Nach der Domestizierung sieht man die löwenköpfige Göttin Bastet oft als kleine Katze oder als weibliche Gestalt mit Katzenkopf dargestellt. Einen neuen Aufschwung erlebte der Katzenkult, als Bubastis, die Stadt der Göttin Bastet, zur Hauptstadt des Pharaonenreiches erhoben wurde. Herodot hatte den Bastet-Tempel im 5. Jahrhundert v. Chr. auf dem Höhepunkt des Katzenkultes besucht. Er beschreibt, wie Hunderte, ja Tausende dieser Tiere mumifiziert und der Göttin Bastet geopfert wurden und große Pilgerströme zur Hauptstadt zogen. Er berichtet auch, dass sich beim Tode einer Katze die Besitzer zum Zeichen der Trauer die Augenbrauen abrasierten und den Körper des Tieres in die Stadt Bubastis trugen, wo er einbalsamiert und bestattet wurde. Der religiöse Stellenwert der Katze stand zur zärtlichen Zuneigung ihrer menschlichen Gefährten, Ernährer und Hausgenossen nicht in Widerspruch.

Das Geheimnis des Erfolges der Samtpfote

Der Hund und die Katze galten unter den Menschen immer als besonders nützliche Tiere. Von den Kornspeichern des Alten Äypten bis zu den Bauernhäusern unserer Zeit war die traditionelle Aufgabe der Katze immer schon die Mäusejagd. Doch viele Jahrhunderte lang wurde die Rolle der Katze als Wächterin über Hygiene und Vorräte nicht gebührend anerkannt, nicht einmal zur Zeit der Kreuzzüge, als die schwarze Ratte – der gefährliche Überträger der Pest – Europa heimsuchte. Auf den Schiffen hingegen wurde sie sehr geschätzt, denn immer wieder gefährdeten die Mäuse, die über Vorräte oder gelagertes Transportgut herfielen, den Erfolg militärischer oder kommerzieller Missionen. So gab es auf jedem Segelschiff eine Schiffskatze. Doch obwohl sie mit schwarzen Ratten und Mäusen spielend fertig wurden, gab es nicht viele Katzen, die sich mit den Grauratten messen konnten. Diese großen Nager suchten das kontinentale Europa, Großbritannien und schließlich auch Amerika im 18. Jahrhundert heim. Die aggressiven und

Bastet, die ägyptische Fruchtbarkeitsgöttin, wurde oft als kleine Katze dargestellt.

Die Aufgabe der Katze war immer schon die Mäusejagd. Selbst heute, wo viele Katzen in Wohnungen leben, haben sie ihren Instinkt noch nicht verloren.

überhaupt nicht menschenscheuen Tiere fürchteten die Katzen nicht. Deshalb wurden die Katzen bald vom kräftigen, für den Kampf mit diesem Gegner besser gerüsteten Hund verdrängt.

Weniger verbreitet, doch in der gemeinsamen Geschichte der Menschen und der Haus- und Wildkatzen immer wieder dokumentiert, ist die Nutzung der Katze als Pelztier. Das weiche Fell aller Katzen war bei unseren noch in Höhlen lebenden Vorfahren hoch geschätzt. Einige Fundstücke aus dem 11. Jahrhundert zeigen, dass Katzenfell zur Garderobe der Wikinger gehörte und im Mittelalter in Europa bevorzugt gehandelt wurde. Vom 16. bis zum 17. Jahrhundert, als die Städte größer wurden und auch die Zahl der Hauskatzen zunahm, verlor ihr Fell merklich an Wert. Die gefleckten Wildkatzenfelle allerdings blieben weiterhin eine gesuchte und kostbare Ware, wodurch die wilden Verwandten der Hauskatze auf allen Kontinenten rücksichtslos gejagt wurden. Erst nach dem Zweiten Weltkrieg wurde das Jagen, Töten und das Handeln mit Teilen bedrohter Tierarten einer strengen Regelung unterworfen und international unter Strafe gestellt, sodass die betroffenen Arten nun besser geschützt werden können.

Schon seit der Zeit der Pharaonen und der Pyramiden wird die Hauskatze vom Menschen auch als Gefährtin geschätzt, er nimmt sie in sein Haus ohne Gedanken an wirtschaftliche oder praktische Vorteile auf. Unter all den Tieren, die ihm „zur Verfügung" standen, hat sich der Mensch den Hund und

Foxterrier. Terrier wurden in vergangenen Jahrhunderten für die Rattenjagd eingesetzt.

die Katze als engste Gefährten ausgesucht. Diese Wahl erfolgte vielleicht rein zufällig, möglicherweise waren die beiden Tiere nur zur rechten Zeit am rechten Ort, doch das kann nicht der einzige Grund sein. Hund und Katze sind mittelgroße Raubtiere, der Hund besitzt zudem eine starke Neigung zum Leben in der Familie und hat einen ausgeprägten sozialen Charakter. Beide Arten grenzen ein Revier ab, das heißt, sie bauen eine enge Bindung an den Ort auf, an dem sie leben und müssen daher weder festgebunden noch eingeschlossen werden.

Wegen seines ausgeprägten sozialen Charakters baut der Hund eine stärkere Bindung an die Gruppe auf als an das Territorium. Eben wegen ihrer starken Verbindung zu ihrem Revier sind Katzen und Hunde ausgesprochen saubere Tiere. Wer jemals Affen, Vögel oder Nager besessen hat, kann aus eigener Erfahrung berichten, wie unangenehm es ist, wenn Exkremente und Urin einfach überall hinterlassen werden. Hunde und Katzen sind hauptsächlich tagsüber aktiv, ebenso wie der Mensch, was das Zusammenleben attraktiver gestaltet.

Die Popularität einiger besonders in der Dämmerung oder nachts aktiver Haustiere kam erst mit der Verbreitung des elektrischen Lichts auf, das die Aktivität des Menschen bis lange nach Sonnenuntergang verlängerte.

Die eher geringe Größe erleichtert dem Menschen den Umgang mit Hund und Katze. Dabei sind sie aber immer noch groß genug, um als eigenständige Individuen wahrgenommen und wie Freunde und Gefährten behandelt zu werden. Doch auch der unbestreitbare Vorteil der geringen

Oft haben besonders Frauen eine ausgesprochene Vorliebe für Katzen.

Körpergröße würde diese Tiere nicht zu angenehmen Kameraden machen, wäre ihr Verhalten nicht wenig aggressiv, zutraulich und gesellig. Selbst das süßeste Kätzchen kann ohne Sozialisierung durch den Menschen in wenigen Monaten zu einer kleinen Bestie werden, immerhin ist es ein mit Krallen und spitzen Zähnen ausgestattetes Raubtier.

In den letzten Jahren haben die Katzen dem Hund den Rang als beliebtestes und am meisten verbreitetes Haustier abgelaufen. Neben den bereits angeführten Eigenschaften zeichnet sich die Katze auch dadurch aus, dass sie sich an den modernen Lebensstil besser anpassen kann, mit weniger Zuwendung auskommt, weniger zeitintensive Betreuung braucht und einen geringeren Platz- und Nahrungsbedarf hat als der Hund.

Frühe Geschichte

Die Eroberung der Welt

Die Hauskatze ist zweifellos die am meisten verbreitete Vertreterin der Familie der Feliden. Diesen Erfolg verdankt sie hauptsächlich der Begegnung mit dem Menschen. Vom Alten Ägypten aus eroberte sie alle Erdteile. Da die Ägypter die Katzen zur Zeit der Pharaonen eifersüchtig hüteten und der Export sowie der Handel mit diesen Tieren verboten war, erreichten die ersten Samtpfoten die Mittelmeerküsten zunächst als heimliche Passagiere auf Handelsschiffen und Kriegsschiffen der Römer. Im Jahre 500 v. Chr., als der Katzenkult in Ägypten seinen Höhepunkt erreicht hatte, war der kleine Vierbeiner für die mediterranen Völker noch eine Kuriosität. Griechen und Römer betrachteten die Katze als merkwürdiges, exotisches Haustier und überließen es noch lieber den Frettchen, ihre Häuser frei von Mäusen zu halten. Erst ganze 900 Jahre später sollten die Qualitäten der Katze als Mäusejägerin gebührend anerkannt werden.

Katze mit Rebhuhn, ein Mosaik aus der Casa del Fauno in Pompei (Neapel, Museo Nazionale). Die Katze wurde in der Antike in zahlreichen Mosaiken, Malereien und Skulpturen dargestellt.

Im Gefolge der römischen Legionäre und Kolonisten bereiste die Katze den gesamten Kontinent. So trug das Imperium Romanum maßgeblich zu ihrer Verbreitung bei. Gegen 200 v. Chr. erschien die Katze im Fernen Osten und erreichte von Indien aus zuerst China, dann Japan. Im 10. Jahrhundert n. Chr. hatte sie bereits den gesamten europäischen Kontinent und den Großteil Asiens erobert. Im 15. und 16. Jahrhundert erreichte sie auf den Schiffen der großen Entdecker die Neue Welt, Australien und Neuseeland.

Die Katze und die Hexe

Von Anfang an zeigte die Katze eine ganz besondere Affinität zum weiblichen Geschlecht. Sie gibt sich tolerant und unabhängig, außerdem besitzt sie wenig Sinn für Hierarchie und Gehorsam. Weiterhin gilt der kleine Vertreter der Felinen in der religiösen Symbolik als Verkörperung der Mutterschaft und der Fruchtbarkeit.

Schon im Alten Ägypten befand sich die Katze in Darstellungen des häuslichen Lebens nie in der Nähe eines Mannes, sondern immer in der Nähe einer Frau. Vor der Verbreitung der christlichen Religion gab es in vielen Kulturen einen Mutterkult, der mit der Fruchtbarkeit, den Mondphasen, dem Überfluss und der Geburt in Zusammenhang gebracht wurde. Bastet in Ägypten, Artemis in Griechenland, Diana im Alten Rom, Freya in Skandinavien, alle diese weiblichen Götterfiguren wurden immer auf irgendeine Weise mit der Katze assoziiert.

Tatsächlich ist die Katze eine gebärfreudige Mutter, hütet ihre Kinder sorgfältig und liebevoll und ist immer bereit, sie vor Feinden zu verteidigen oder zu schützen, indem sie sie in ein sicheres Versteck transportiert. Selbst einem viel größeren Widersacher stellt sie sich mutig entgegen. Dass die Katze mit den Mondphasen in Verbindung gebracht wurde, verdankt sie wohl ihren Pupillen, die sie zu Schlitzen verengen oder vergrößern kann, was früher als Anlehnung an die Mondphasen gedeutet wurde. Die schrittweise Auslöschung heidnischer Kulte und die Verbreitung des Christentums änderten den Stellenwert der Katze dramatisch. Plötzlich wurde sie für die Menschen zu einem bösartigen

Mit der Verbreitung des Christentums kam es zu einer dramatischen Änderung der Haltung des Menschen gegenüber der Katze. Plötzlich wurde das Tier als Inkarnation des Bösen betrachtet und als Komplize der Hexen in Verruf gebracht.

Dämon und zur Komplizin der Hexen und Geisterbeschwörer. Im Mittelalter und zum Anbruch der Neuzeit wurden besonders die schwarzen Katzen gnadenlos verfolgt. Die „Katzeninquisition" beginnt im 13. Jahrhundert und dauert rund 450 Jahre.

Ihre Unabhängigkeit vom Menschen, ihre Vorliebe für das nächtliche Umherstreifen und das geräuschvolle Liebesspiel sprachen damals nicht gerade für die Katze und alle, die ihr wohlgesonnen waren. In den Angstvorstellungen des braven Volkes ritten Hexen auf dem Rücken riesiger Katzenmonster zum Hexensabbat, und jede Frau, die eine Katze hielt, riskierte es, als Hexe denunziert und verbrannt zu werden. Oft fielen alte, einsame Frauen dieser grausamen Verfolgung zum Opfer, die sich um die Verteufelung der Samtpfote wenig kümmerten und sich liebevoll um ihre Schützlinge bemühten. Das freundschaftliche Band zwischen Mensch und Tier, das damals als gottlos, ja teuflisch galt, wurde

ihnen zum Verhängnis. Teilweise ist es auch heute noch so, wenn Tierliebhaber von anderen beschuldigt werden, Tiere weit besser zu behandeln als Menschen oder sie mit dem Menschen vergleichen zu wollen.

Trotz allem gab es im Mittelalter nicht nur unter den ärmeren sozialen Schichten Katzenliebhaber. Der Adel und der Klerus pflegten dieselben Vorlieben, doch sie standen über dem Urteil des Volkes. Dennoch wurden einige von ihnen für die Zuneigung, die sie ihren Tieren entgegenbrachten, der Gotteslästerung bezichtigt.

Im Orient war man den Katzen gegenüber gemeinhin freundlicher eingestellt, in Japan allerdings ereilte sie ein ähnliches Schicksal wie in Europa. Zunächst wurden die im 6. Jahrhundert n. Chr. eingeführten Katzen freundlich aufgenommen. In jedem Tempel gab es mindestens zwei davon, um die wertvollen Schriften vor den Zähnen der Nager zu schützen. Auch in den Seidenraupenzuchten wurden sie als Mäusejäger eingesetzt, wie zahlreiche Darstellungen zeigen. Ab dem 13. Jahrhundert allerdings wurden die Katzen oft mit einem Dämon assoziiert, wie etwa mit der menschenfressenden Hexe Neko-Baké, die in Gestalt einer Katze in die Häuser eindringt und dort ungehorsame Kinder frisst.

In den letzten 200 Jahren konnte sich die Katze die Wertschätzung der Japaner vollkommen zurückerobern, besonders nach dem Tod wird sie verehrt. In Tokio ist ein ganzer Tempel dem kleinen Felinen gewidmet, der Go-To-Ku-Ji wurde zu Ehren von „Maneki-Neko" erbaut, einer Katze, die das rechte Vorderbein wie zur Begrüßung des Besuchers erhebt und Glück und Reichtum bringen soll. Im Inneren des Tempels, der ein Katzengrabmal darstellt, gibt es zahlreiche Malereien und Skulpturen mit Katzendarstellungen.

In der westlichen Welt sind selbst nach dem Ende der finsteren Jahrhunderte des Mittelalters die Gefühle gegenüber dem kleinen Felinen zwiespältig geblieben. Immer noch assoziieren viele Menschen das Wesen der Katze mit Falschheit und Verschlagenheit. Unter Schnurren und Schmeicheln wird nach Futter verlangt, dennoch ist das Tier jederzeit bereit, sich abzuwenden, davonzulaufen oder auch zu rebellieren, wann immer es ihm gefällt. Und immer noch hält sich der Glaube, dass es Unglück bringt, wenn eine schwarze Katze den Weg kreuzt, andererseits ist es auch wieder besonders reizvoll, eine solche zu besitzen.

Geschichten und Legenden

Geschichten, Legenden, Aberglauben und Sprichworte ranken sich reichlich um die Katze und zeugen von dem zwiespältigen Bild, das sich der Mensch durch alle Epochen und Kulturen von der Samtpfote gemacht hat.

Ägypten

500 v. Chr. belagerte das persische Heer unter Kambyses Pelusium, das aktuelle Thisseh in der Nähe von Port Said, und traf dort auf den erbitterten Widerstand der Ägypter. Da er feststellte, dass es unmöglich war, die ägyptischen Verteidigungslinien zu durchbrechen, befahl Kambyses seinen Soldaten, so viele Katzen wie möglich einzufangen. Drei Tage später führte die persische Armee ihren Angriff und benutzte die Katzen als Schutzschild: Die Ägypter ergaben sich, da sie die Tiere im Kampf nicht verletzen wollten.

Arabien

Die Lieblingskatze des Propheten Mohammed schlief auf dem Ärmel seiner Jacke ein. Als er aufstehen wollte, schnitt er den Ärmel ab, um die Katze nicht zu wecken. Als sich die Katze bei seiner Rückkehr bei ihm dafür bedankte, streichelte er ihr dreimal über den Rücken und verlieh ihr und allen ihren Artgenossen die Gabe, immer auf die Pfoten zu fallen.

Japan

Die Katze, die wie alle Kreaturen beim Einzug Buddhas im Nirwana teilnehmen sollte, schlief unterwegs ein und kam zu spät zur Zeremonie. Daher rief der antike Buddhismus dazu auf, alle Tiere mit Ausnahme der Katze zu schützen.

Europa

Die Legende von der Brücke des Teufels ist in vielen europäischen Ländern verbreitet: Für seine Hilfe beim Bau einer Brücke versprachen die Bewohner des Dorfes dem Teufel die Seele des ersten Lebewesens, das sie überschreiten würde. Am Tag der Eröffnung gelingt es dem Bischof, die Seelen seiner Gemeinde zu retten, indem er eine schwarze Katze dazu bringt, die Brücke zu überqueren und dem Teufel so ein Schnippchen schlägt.

Das Doppelleben der Katze als friedliches Haustier (linke Seite) und wilder Räuber (oben) sowie ihre Unfähigkeit, sich dem Menschen völlig zu unterwerfen, sind eine mögliche Erklärung für die widersprüchlichen Gefühle, die ihr entgegengebracht werden.

Finnland
Im Kalevala, einem finnischen Nationalepos, wird von einer Hexe erzählt, die in Häuser eindringt und alle Bewohner auf einen von einer riesigen Katze gezogenen Schlitten zaubert. Dieser trägt die Gefangenen an die Grenze von Pohjola, der Welt der Nacht und der bösen Geister.

Holland
Nach einem lokalen Aberglauben wird ein Mensch, der Katzen nicht mag, entweder im Regen verheiratet oder bei Regenwetter zu Grabe getragen.

Griechenland
Äsop erzählt: Venus erhörte die Bitte einer abgöttisch in einen schönen Jüngling verliebten Katze und verwandelte sie in eine verführerische junge Frau. Trotz der menschlichen Gestalt sprang sie jedoch katzenartig jeder Maus hinterher, die sie zu Gesicht bekam.

Polen
Nach einer alten polnischen Legende beklagte eine Katze lautstark die Grausamkeit ihres Herrn, der ihre Jungen in den Fluss geworfen hatte. Da neigten die Weiden am Fluss, durch das Klagelied der Katzenmutter gerührt, ihre Zweige ins Wasser, damit die Kätzchen sich daran festhalten und herausklettern konnten. Seither tragen die Blüten der Weiden im Frühjahr ein weiches Fell und werden „Kätzchen" genannt.

Moderne Geschichte

Von ihrer ersten Begegnung mit dem Menschen an spielte die Katze die Rolle des Schoßtiers im menschlichen Haushalt. Doch nach ihren ruhmreichen Zeiten im Alten Ägypten konnte sie erst im 19. Jahrhundert wieder einen ähnlichen Stellenwert erringen. Die Epoche der industriellen Revolution und die Zeit danach, als Bildung und Wohlstand zum Allgemeingut wurden, schufen die Bedingungen, unter denen sie in der Kunst, der Wissenschaft und im Alltag der Menschen eine vergleichbare Rolle spielen konnte.

Ab 1800 trat die Katze wieder in Erscheinung, meist diskret im Hintergrund, in zahlreichen Zeichnungen, Gemälden, Illustrationen und Fotografien. Die Literatur widmete ihr in Prosa und Lyrik so manche Zeile, im Film bekam sie Neben-, aber auch Hauptrollen. In nur wenigen Jahrzehnten eroberte die Katze selbstbewusst ihren Platz in der modernen Gesellschaft und in den Häusern der Menschen. Da Adel und Bürgertum nun endlich ihrer Vorliebe für die Samtpfote frei und uneingeschränkt Ausdruck geben konnten, beschäftigte man sich immer mehr mit dem kleinen Vierbeiner, die Zucht und die Selektion besonderer Rassen erreichten eine erste Blütezeit. In Großbritannien explodierte die neue Leidenschaft geradezu. Heute ist das Land Heimat einer Vielzahl von Rassen und es blickt auf eine lange Tradition von Ausstellungen und Katzenschauen zurück, bei denen die schönsten Exemplare bekannter und neuer Zuchten dem breiten Publikum vorgestellt und von Fachkommissionen begutachtet und prämiert werden.

Im 20. Jahrhundert verlagerte sich die Aufmerksamkeit auf die wissenschaftliche Seite. Die Katze wurde zu einem der medizinisch, genetisch und physiologisch am intensivsten untersuchten Haustiere. In den Sechzigerjahren erforschten erste Studienprogramme das Verhalten von Wild- und Hauskatzen. Autoren und Ethologen wie George B. Shaller, Peter Leyhausen, Desmond Morris und Giorgio Celli machte die Ergebnisse der Studien einer breiteren Öffentlichkeit zugänglich. Seit den Neunzigerjahren schließlich ist die Katze das am weitesten verbreitete nicht wirtschaftlich genutzte Haustier der Welt und läuft zum ersten Mal in ihrer gemeinsamen Geschichte dem Hund den Rang ab.

Ein zweifarbiger Perser in Cream mit Weiß. Die Perserkatze ist wohl eine der bekanntesten Rassekatzen und wird besonders wegen der spektakulären Pracht ihres üppigen Fells geschätzt.

Katzenausstellungen

Als Dämonisierung und Verfolgung der Katzen ein Ende hatten, konnten die Katzenfreunde ihre Vorliebe für den kleinen Vierbeiner endlich öffentlich zeigen, nach den schönsten Exemplaren und den attraktivsten Rassen suchen und öffentliche Schönheitskonkurrenzen abhalten. So warfen auch die britischen Zuchtspezialisten ein Auge auf das einzige Haustier, das ihnen bisher entgangen war. Durch gezielte Selektion der Geschlechtspartner begannen sie das Tier nach ihren Wünschen umzuformen.

In den Jahrhunderten zuvor waren Katzen dank der vielfältigen internationalen Handelsbeziehungen in allen möglichen Farben und Formen aus aller Welt nach Großbritannien gekommen. Sie waren sehr verschieden und trugen oft exotische Namen. Aus diesem reichen genetischen Pool bedienten sich die Experten und hatten schon bald erste Ergebnisse vorzuweisen: Es bildeten sich mehrere Populationen von Katzen mit gleichen Charakteristika.

Ein hochkarätiger Champion mit seinen Trophäen.

Bei den großen Katzenausstellungen gewinnen Katzen Trophäen und Rosetten, die dem Zuchtziel im Hinblick auf Rassenmerkmale, Farbe, Zeichnung und in manchen Fällen auch Charakter am perfektesten entsprechen.

Man unterschied sie nach Ursprung, Farbe und Haarlänge. Dank ihrer Erfahrung mit der Zucht anderer Haustiere erkannten die englischen Züchter bald die Notwendigkeit, allgemeingültige Standards einzuführen und nach objektiven Kriterien zu selektieren. Zu Beginn des 19. Jahrhunderts waren die Katzenliebhaber bereits zahlreich genug, um Zusammenkünfte zu organisieren, wo die schönsten Exemplare sowohl von Züchtern als auch von und Amateuren vorgeführt und prämiert wurden. Die erste öffentliche Katzenausstellung veranstaltete der Schriftsteller und Dichter Harrison Weir, passionierter Katzenfreund und Mitglied der angesehenen *Horticultural Society*. Mit der großen Katzenschau im Londoner Crystal Palace am 13. Juli 1871 begann die offizielle Geschichte der regelmäßigen Katzenschauen. In der viktorianischen Zeit fanden diese Veranstaltungen ziemlich häufig statt und wurden zum mondänen gesellschaftlichen Anlass der englischen Oberschicht. Bald begannen die Züchter dieses Forum zu nutzen, um ihre Kreationen vorzustellen und an deren Verbreitung zu arbeiten. Der erste Katzenzüchterverband, der *National Cat Club*, wurde 1887 gegründet und machte es sich zur Aufgabe, die Stammbäume der Rassekatzen zu erfassen und zu katalogisieren.

1910 wurde der Verband durch den *Governing Council* of the Cat Fancy (GCCF) ersetzt und 1938 eine alternative Organisation, die *Cat Association of Great Britain* (CAGB), gegründet. Schnell verbreitete sich das Interesse für Edelkatzen auch nach Europa und in die USA.

Im März 1881 wurde die erste Katzenausstellung der Neuen Welt im Bunnel-Museum in Boston eröffnet.

Am meisten trug jedoch die große, nach englischem Vorbild von James T. Hyde im Madison Square Garden in New York am 5. Mai 1895 organisierte Katzenschau zur Verbreitung des Edelkatzenfiebers in den USA bei. Durch die Größe des Landes bildeten sich später mehrere Organisationen heraus, die größte davon ist die *Cat Fanciers Association* (CFA). In den verschiedenen europäischen Ländern wurden nationale Verbände gegründet, manchmal auch mehrere parallele Organisationen, die gewöhnlich in der *Fédération Internationale Féline* (FIFe) als Dachverband zusammengefasst sind.

Die Katze „drinnen“ und „draußen“

Die Waffen eines Jägers

Die Katze hat über die Jahrhunderte ihre weitgehende Unabhängigkeit vom Menschen vor allem durch das Erbe ihrer Vorfahren gewahrt: ihre Geschicklichkeit bei der Jagd.

Die langen Eckzähne der Katzen sind tödliche Waffen und für einen Jäger unverzichtbar.

Wie hoch spezialisiert und perfekt an die Jagd angepasst dieses kleine Raubtier wirklich ist, können wir am besten bewundern, wenn wir beobachten, wie sie ihrer Beute in einem Versteck auflauert, wie sie sich lautlos anschleicht, einen schnellen Spurt hinlegt und mit einem eleganten, zielsicheren Sprung ihr Opfer mit den Krallen fasst. Die Vorderbeine sind dank des nur rudimentär ausgebildeten Schlüsselbeins, dessen Funktion fast ausschließlich von kräftigen Muskeln übernommen wird, extrem beweglich. Die Rückenwirbel sind flexibel miteinander verbunden, daraus ergeben sich die besonders geschmeidige Bewegung und hohe Sprungkraft. Die Hinterbeine sind speziell dafür gebaut, die Kraft mehr im Sprung als im Lauf zu erhöhen.

Alle Felinen sind Zehengänger, das heißt, sie gehen auf den Zehenspitzen. An den Vorderbeinen besitzen sie fünf Zehen, von denen eine niemals die Erde berührt, an den Hinterbeinen vier. Der lange Schwanz dient der Balance im Lauf und beim Klettern. Auch der Knochenbau des Schädels zeigt deutlich, dass es sich um einen fleischfressenden Räuber handelt. Er ist kurz und robust, die Kiefer erlauben ein rasches, kräftiges Zupacken.

Das Gebiss der Katze mit 30 Zähnen ist auf den Speiseplan des Fleischfressers spezialisiert. Die kleinen Schneidezähne leisten gute Dienste bei der Fellpflege, die langen, als Fangzähne ausgebildeten Eckzähne sind richtige Waffen.

Die Zunge funktioniert wie eine Bürste und reinigt und glättet das Fell.

An der Basis besitzen sie Drucksensoren, die der Katze erlauben, den tödlichen Biss exakt zu dosieren. Die letzten oberen Prämolaren und die unteren Molaren sitzen als Reißzähne ziemlich genau im Maulwinkel und können dank der kräftigen Kiefermuskulatur enormen Druck ausüben. Fleisch und sogar dünnere Knochen werden damit mühelos zerkleinert.

Auf der Zunge sitzen zahlreiche nach hinten gerichtete, verhornte Papillen, die das Fleisch von den Knochen abraspeln und beim Putzen wie eine Bürste funktionieren. Zusätzlich zu den langen Eckzähnen besitzen die Kleinkatzen eine weitere tödliche Waffe: die dolchartig gekrümmten, spitzen und messerscharfen einziehbaren Krallen. In Ruhestellung sind sie eingezogen, die Katze fährt sie durch Muskelkontraktion und Streckung der Sehnen der letzten Zehenglieder aus.

Die Sinne

Der Sehsinn

Auch an der Entwicklung der Sinnesorgane kann man unschwer ablesen, welch ein effizienter Jäger die Samtpfote ist. Hauptsächlich der scharfe Sehsinn und das feine Gehör helfen ihr beim Auffinden der Beute. Die Augenstellung erinnert an die der Raubvögel, die großen Augen sind frontal ausgerichtet, wodurch gutes räumliches Sehen und exaktes Einschätzen der Entfernung möglich sind. Die Katze nimmt besonders gut schnelle Bewegungen wahr und sieht im Vergleich zum Menschen in der Dämmerung und in der Dunkelheit um etwa 50 Prozent besser. Das liegt an ihren Netzhautzellen: Die hohe Dichte an visuellen Rezeptoren, den sogenannten Sehstäbchen, macht sie besonders lichtempfindlich. Doch die hohe Spezialisierung hat auch einen Nachteil:

Durch ihre großen, frontal angeordneten Augen kann die Katze räumlich sehen.

Katzen sehen kleine Details nicht so genau und können Farben weniger gut unterscheiden als der Mensch, denn die Anzahl der Zapfen, der farbempfindlichen Rezeptoren, ist viel geringer. Dennoch sehen auch Katzen die Welt in Farbe, wenigstens die Blau- und Grünschattierungen in den verschiedenen Intensitäten und Kombinationen. Der Mangel an rotempfindlichen Zapfen deutet nicht nur darauf hin, dass die Katze diese Farbe nicht wahrnimmt, sondern auch, dass rote Objekte in ihren Augen dunkler aussehen als blaue oder grüne. Die Farbe der Gegenstände scheint für die Katze weniger Bedeutung zu besitzen als die Lichtintensität, die Größe und die Bewegung eines Objekts.

Die Effizienz des Sehsinns wird durch das Tapetum lucidum, eine direkt hinter der Retina gelegene Zellschicht, die das durch die Stäbchen und Zapfen nicht absorbierte Licht reflektiert, noch gesteigert. Dieser Effekt wird besonders nachts deutlich, wenn ein Autoscheinwerfer zufällig eine Katze streift und ihre Augen in diesem Licht spiegelnd aufblitzen. Während des Tages, wenn das Licht intensiv ist, sind die Pupillen zu einem Schlitz verengt. Sie können sich jedoch durch Angst oder Stress erweitern, kurz vor einem Angriff verengen sie sich als Zeichen der Bedrohung.

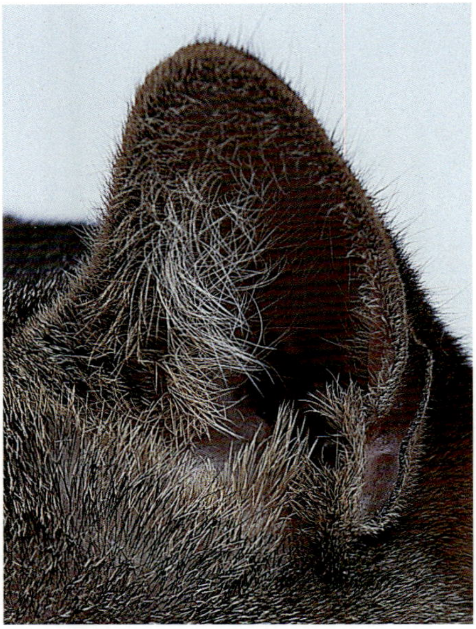

Katzen besitzen große, bewegliche Ohrmuscheln und ein ausgezeichnetes Gehör.

Das Gehör

Auch das Gehör ist bei der Katze besonders gut ausgebildet, wie man sich unschwer vorstellen kann, wenn man daran denkt, wie sie ihre Ohrmuscheln beim geringsten Geräusch dreht und wie Antennen auf die Richtung der Schallquelle einstellt. Unter den Säugetieren zählt der Frequenzumfang des Gehörs der Katze zu den größten, er umfasst etwa 10,5 Oktaven. In den niedrigen Frequenzbereichen ist das Gehör des kleinen Vierbeiners mit dem des Menschen vergleichbar, in den mittleren Frequenzen ist es ihm weit überlegen. Die obere Grenze der Frequenzen liegt im Bereich der Geräusche, die ihr wichtigstes Beutetier, die Maus, von sich gibt, was sicherlich kein Zufall ist. Zum Lokalisieren der Schallquelle verharrt die Katze unbeweglich und richtet die äußerst beweglichen Ohren in die Richtung, aus der das Geräusch kommt.

Der Gleichgewichtssinn

Das Innenohr ist Sitz des Vestibularsystems, das für die hoch entwickelten akrobatischen Fähigkeiten der Samtpfote verantwortlich ist. Beim Menschen wird dieser Sinn vorwiegend unbewusst gesteuert, daher neigen wir dazu, ihm weniger Bedeutung beizumessen als den übrigen sensorischen Fähigkeiten. Doch wer aktiv Sport betreibt, entdeckt sehr bald, wie wichtig der Gleichgewichtssinn auch für uns ist. Selbst der beste Athlet unter uns Menschen wirkt im Vergleich mit unseren vierbeinigen Freunden wie ein blutiger Anfänger in Sachen Agilität und Körperbeherrschung.

Durch ihre geschmeidigen, kontrollierten Bewegungen wird die Katze zum perfekten Jäger. Sie klettert mühelos beinahe senkrechte Flächen hoch, balanciert souverän auf den schmalsten Simsen und Graten und scheint Schwindelgefühle und Unsicherheit gar nicht zu kennen. Unabdingbare Voraussetzung dafür ist der hoch entwickelte Gleichgewichtssinn. Bei Katzen werden die Bewegungen des Kopfes, der Augen und des Bewegungsapparates zu einem großen Teil von Reflexen gesteuert, die durch Reize aus dem Vestibularsystem generiert werden. Komplexere Bewegungen unterliegen der direkten Steuerung durch das Gehirn.

Durch ihren ausgeprägten Gleichgewichtssinn ist die Katze ein richtiger Kletterakrobat.

Obwohl die Katze ein ausgezeichneter Springer ist, kann sie beim Abstieg Probleme haben. In solchen Fällen hilft sie sich mit ihren Krallen, hält sich fest und bewegt sich vorsichtig rückwärts nach unten. Nur Felinen, die einen großen Teil ihres Lebens auf Bäumen zubringen, wie etwa Nebelparder oder Langschwanzkatze, können mit dem Kopf voran nach unten klettern und direkt vom Baum auf ihre Beute herabspringen, ohne eine kurze Stabilisierungsphase auf dem Boden zwischenzuschalten.

Der Geruchssinn

Der Geruchssinn der Katze ist weniger ausgeprägt als ihr Gehör und ihr Sehsinn. Sie benutzt ihn, um zu entscheiden, ob eine potenzielle Speise ihren Ansprüchen genügt oder nicht, und im sozialen Leben der Katze nimmt er einen hohen Stellenwert ein. Katzen verlieren den Appetit, wenn sie durch Erkältungen oder andere Ursachen ihren Geruchssinn einbüßen. Sie putzen sich weniger und Kater machen Kätzinnen weniger den Hof. Der Körpergeruch dient den Katzen als Erkennungsmerkmal innerhalb der Familie und als „Visitenkarte" bei der Begegnung mit Artgenossen. Mütter spüren ihre Jungen auf und halten sie am Geruch auseinander, ausgewachsene Tiere signalisieren mit Duftmarken ihre Revieransprüche und hinterlassen Informationen über Anwesenheit und hormonellen Status.

So signalisieren die Weibchen den Männchen ihre Paarungsbereitschaft, die Männchen vermeiden durch die Absonderung aus Schweiß- und Talgdrüsen und die dadurch entstehenden Duftmarken unliebsame Begegnungen mit Rivalen. Die Schweißdrüsen sitzen vor allem zwischen den Fußballen, um das Maul herum, am Kinn, um die Brustwarzen und um den Anus. Talgdrüsen findet man ebenfalls an bestimmten Körperstellen konzentriert, sie sitzen am Oberkiefer, an der Schwanzwurzel und bei Männchen unter der Vorhaut. Kater besitzen zusätzlich eine Anhäufung von Duftdrüsen in einer Art mit einem Kanal versehenen Tasche neben dem Anus. Alle diese Drüsen dienen hauptsächlich der Kommunikation über den Geruch und werden durch Reiben an Gegenständen, Artgenossen und Personen oder durch Verspritzen von Urin als Duftmarken verteilt. So weiß jede später vorbeikommende Katze über Anwesenheit, Territorialanspruch, Geschlecht und sexuelle Empfänglichkeit Bescheid.

Männchen wie Weibchen neigen dazu, immer wieder dieselben Stellen zu markieren und diese häufig zu inspizieren. Bei der Aufnahme der Düfte hilft ihnen vor allem ein spezielles Organ, das zwischen Rachen- und Nasenhöhle sitzt. Die Duftpartikel

Der Geruchssinn der Katze spielt in der Begegnung mit Artgenossen eine besonders wichtige Rolle.

werden beim sogenannten „Flehmen“ aufgenommen und analysiert. Die Katze zieht dabei für einige Sekunden bei halb geschlossenem Maul die Oberlippe hoch.

Der Tastsinn

Die Katze besitzt über den ganzen Körper verteilt fein reagierende Tastrezeptoren. Am deutlichsten sind die langen Schnurrhaare und die gebogenen „Wimpern“ über den Augen zu sehen.

Besonders empfindlich sind auch die Rezeptoren an den Vorderpfoten, sie spielen vor allem bei der Jagd oder beim Manipulieren der Nahrung eine wichtige Rolle.

Die Vorderpfoten der Katze sind mit empfindlichen Rezeptoren ausgestattet, die bei der Jagd besonders nützlich sind.

Die Katze „draußen“

Im Gegensatz zu anderen Haustieren wie Hund oder sogar Goldfisch hat sich die Katze in den Jahrhunderten ihres Zusammenlebens mit dem Menschen nicht wesentlich verändert. Vielleicht liegt es daran, dass der Mensch ihre ursprüngliche, perfekt an die Jagd auf Mäuse und andere kleine Nager angepasste Ästhetik sehr schätzt und nie den Wunsch verspürte, deutlich von der Wildform abweichende Arten zu selektieren, umso mehr, als dass sie von Natur aus anschmiegsam und als Schmusetier geeignet ist. Außerdem neigt die Katze scheinbar weniger als andere Tierarten zu wesentlichen Veränderungen durch genetische Selektion.

Diese Exotic zeigt die typische Körperform des Cobby-Typs.

Was immer auch die Gründe dafür sind, die Katze sah zu allen Zeiten und in allen Kulturen in der ganzen Welt immer ähnlich aus. Zumindest bis im 19. Jahrhundert, zur Zeit der Edelkatzen-Euphorie, mit der gezielten Selektion bestimmter körperlicher Merkmale begonnen wurde. Natürlich gab es schon vorher einige Unterschiede, auch die Wildkatzen sehen schließlich nicht alle vollkommen gleich aus. Nordische Arten sind größer, massiger und besitzen ein dichteres und längeres Fell, während mediterrane und tropische Arten leichter und schlanker gebaut sind und ein kürzeres, dünneres Fell haben.

Bei der Wildform handelt es sich dabei um die natürliche Anpassung an unterschiedliche klimatische Gegebenheiten, bei den Hauskatzen könnte die analoge Entwicklung in der Vergangenheit durch Kreuzungen zwischen Hauskatzen und den im selben Gebiet lebenden wilden Arten zustande gekommen sein. Bei der Norwegischen Waldkatze etwa gilt diese Entwicklung als erwiesen. Manche Autoren gehen jedoch davon aus, dass die klimatischen Verhältnisse auf die Hauskatzen ebenso einwirken wie auf ihre wilden Verwandten. In jedem Fall leistet die Selektion durch den Menschen ihren Beitrag dazu. Die modernen Rassen werden nach Körperbau in drei Typen unterteilt: Cobby, Semi-Foreign und Orientalisch.

Cobby ist ein englischer Begriff, mit dem ursprünglich mittelgroße, robuste und stämmige Pferde bezeichnet wurden. Der entsprechende Katzentyp ist ebenfalls eher stämmig mit rundlicher Silhouette, kurzen, kräftigen Pfoten und großem, rundem Kopf, kräftigem Knochenbau und meist eher großer Statur. Die erste nach diesen Kriterien selektierte Rasse war der Perser.

Ihr langhaariges, dichtes Fell kaschierte die noch zu mageren Körper und gab den ersten auf den Katzenschauen präsentierten Exemplaren eine rundliche Silhouette, die Statur der kräftigeren Exemplare wurde noch hervorgehoben. In den letzten Jahrzehnten hat die immer akzentuiertere Selektion zum Erscheinen eines Extremtyps mit sehr rundem Kopf, kurzen Ohren und wie eingedrückt wirkender Nase geführt.

Bei kurzhaarigen Rassen bewirkt der Cobby-Typus, dass das ausgewachsene Tier den drollig unbeholfenen Ausdruck des Katzenkindes nicht ganz verliert, was den Beschützerinstinkt des Menschen anregt und solche Katzen in seinen Augen besonders liebenswert erscheinen lässt. Der Typ Semi-Foreign, manchmal auch Europäisch genannt, ist mittelgroß und weder besonders kräftig, noch besonders filigran gebaut. Dazu zählen die meisten Hauskatzen. Es handelt sich hierbei um die natürlichen Proportionen der Spezies,

Die Somali fällt in die Kategorie Semi-Foreign.

Der orientalische Typ hat einen besonders schlanken Körperbau (Oriental Silver Spotted).

so ist sie am besten an das Leben im Freien, die Jagd und das Umherstreifen angepasst. So kann sich das Tier frei bewegen, ohne ständig auf die Hilfe der Menschen bei der Fellpflege oder auf die konstante Temperatur einer Wohnung angewiesen zu sein.

Obwohl sich die gewöhnlichen rasselosen Hauskatzen auf der ganzen Welt sehr ähnlich sind, gibt es auch Edelkatzen dieses Typs. Sie wurden ebenfalls wegen besonderer Merkmale selektiert, wie etwa die amerikanische Burma mit ihren großen, runden Augen oder die Ragdoll mit ihrem ausgesprochen friedlichen Charakter.

Die spezielle Ästhetik der Siam, der ersten in Europa eingeführten Katze orientalischen Typs, wurde in den Dreißigerjahren noch akzentuiert. Es entstand eine schlanke, stark stilisierte Morphologie mit schmalem, länglichem Kopf, großen Ohren, sehr schlankem Körper und zartem Knochenbau. Das kurze, eng anliegende Haar unterstreicht diese Eigenschaften zusätzlich. Es gibt allerdings auch orientalische Varianten mit längerem, weniger stark anliegendem Haar und buschigem Schwanz.

Der Ursprung der Katzenrassen

Alle heute bekannten Katzenrassen wurden ab dem 19. Jahrhundert selektiert. Die meisten der von den diversen Verbänden derzeit anerkannten Rassen stammen aus der Zeit nach dem Zweiten Weltkrieg, als die verbesserte wirtschaftliche Lage den Menschen erlaubte, sich verstärkt ihren Hobbys und ihren Haustieren zuzuwenden. Dennoch gibt es einige, wie Kartäuser, Angora, Siam und Manx, deren Ursprung weiter zurückliegt.

Die Unterschiede zwischen Haus-, Straßen- und Rassekatzen rühren im Ursprung nicht allein von den Selektionsbestrebungen der Züchter her, die bestimmte Charakteristika verstärken oder unterdrücken wollten, sondern vom Übergang vom wilden zum domestizierten Leben zusammen mit dem Menschen.

Eine der Nebenwirkungen der Domestizierung war die schrittweise Außerkraftsetzung der natürlichen Auslese, die in der Natur nur die am besten an die jeweiligen Gegebenheiten angepassten Individuen überleben lässt. Auf dem Weg der Evolution werden nur Charakteristika begünstigt, die für das Tier bei der Fortpflanzung oder zum Überleben einen Vorteil darstellen.

Durch die Domestizierung haben sich die äußeren Lebensbedingungen für die Katzen stark geändert. Der fehlende Evolutionsdruck schlug sich in einer Veränderung des Aussehens, des Verhaltens und der Physiologie nieder. In der häuslichen Umgebung sind mehr Mutationen überlebensfähig als in der freien Natur, dadurch können sich neue und anders geartete Charakteristika etablieren.

Diese Mutationen und die Variabilität des Aussehens oder Charakters sind die Grundvoraussetzungen für die gezielte Selektion von Rassen.

Spontane Mutationen können in jeder Population vorkommen. Manche verschwinden bald wieder, andere bleiben erhalten. Letzteres geschieht entweder, weil die entsprechende Veränderung dem Tier einen Vorteil verschafft oder auch durch geografische Isolation. Bei den alten Katzenrassen waren diese beiden Aspekte der Domestizierung ausschlaggebend, und zwar mehr als eine vom Menschen gesteuerte gezielte Selektion. Kartäuser und Siam

Türkisch Angora

wurden wegen ihrer besonders schönen Farbe geschätzt, die Angora wegen ihres weichen, üppigen Fells – ein klarer Vorteil gegenüber anderen Hauskatzen.

Der charakteristische Stummelschwanz der Manx setzte sich in der Population hingegen sicherlich durch geografische Isolation auf der Isle of Man fest. Erst in zweiter Linie hat der Mensch dieses Merkmal selektiert.

Neben dem allgemeinen Erscheinungsbild sind die auffälligsten Unterscheidungsmerkmale zwischen den Katzenrassen Haarlänge und Fellfarbe. Das Fell einer Katze besteht aus drei Sorten Haar: dem Deckhaar, den Leithaaren – das sind die längsten Haare der Katze – und dem Unterhaar (Unterwolle). Das Fell schützt die Haut der Katze vor der Sonneneinstrahlung und der Kälte und dient der Temperaturregulierung. Einige Haare üben auch eine Tastfunktion aus. Mutationen, durch die das Fell bestimmter Katzen anders beschaffen war als das des Wildtyps, stehen am Anfang der Geschichte der Katzenrassen und dienen seit langer Zeit als grundsätzliches Unterscheidungsmerkmal. Es gibt Langhaarkatzen, Kurzhaarkatzen, solche mit mittellangem Haar und haarlose oder nackte Katzen.

Die langhaarigen Katzen werden heute von einer einzigen Rasse vertreten, dem Perser. Sein Merkmal ist das sehr lange

Deckhaar und das dichte, wollige Unterhaar. Zu den Katzen mit mittellangem Haar zählt die mutmaßliche Stammmutter aller Rassen mit mittellangem und langem Haar, die Angora. Diese Mutation trat wahrscheinlich bereits vor vier Jahrhunderten auf und hat sich von der Türkei und dem Mittleren Osten aus auf dem Seeweg nach Europa und im Gefolge der Auswanderer bis nach Nordamerika verbreitet. Bei einigen Rassen stellte diese Mutation eine verbesserte Anpassung an raues Klima dar, wie etwa bei der Sibirischen Waldkatze oder der Maine Coon, bei anderen wurde sie durch den Menschen selektiert, der Gefallen an der üppigen Fellpracht fand.

Kurzhaarrassen tragen das typische Kleid der wilden Vorfahren der Hauskatze, doch auch hier brachte die Zucht Varietäten mit besonderen Charakteristika hervor: British Shorthair, Exotic und Kartäuser haben kurzes, vom Körper abstehendes Haar, die Siam besitzt kurzes, eng anliegendes Haar.

Gewelltes Haar ist Ausdruck dreier mutierter Gene, die mit dem Namen Rex bezeichnet werden. Diese Mutation wurde in den letzten Jahrzehnten selektiert, ebenso wie das „Drahthaar", ein Charakteristikum der American Wirehair. Bei der Sphinx ist das Fell mit bloßem Auge fast nicht zu sehen und lässt sich auch kaum ertasten, doch es ist als ganz feiner Flaum durchaus noch vorhanden.

Langhaar: Zweifarbiger Perser

Halblanges Haar: Maine Coon

Kurzhaar: Europäer

Gewelltes Haar: Devon Rex

Die „nackte" Katze: Sphinx

Die Farbschläge

Tabby

Die Stammmutter aller Hauskatzen, die Afrikanische Wildkatze als kleiner, schlanker Vertreter der Felinen, trägt ein graues Agouti-Fell mit feinen braunen oder schwarzen Streifen oder Flecken. Dieser Farbschlag wird im Allgemeinen als Tabby bezeichnet. Die alten und neuen Katzenrassen aus Ägypten tragen dieses charakteristische Muster, überhaupt ist es unter Wild- und Hauskatzen in aller Welt sehr verbreitet. Das typische Kleid der Wildform ist jedoch bei weitem nicht der einzige bei Hauskatzen vorkommende Farbschlag, beim Perser beispielsweise wurden 180 verschiedene Farben selektiert! Eine der offensichtlichsten Begleiterscheinungen der Domestizierung ist bei Katzen und anderen Haustieren wie etwa Hunden nun einmal gerade das Erscheinen neuer Farben und Muster. Doch unter dem blendend weißen Fell einer Angora oder den subtilen silbrigen Reflexen eines Chinchilla-Persers, ja sogar unter dem kontrastreichen Kleid der Siam mit dunklen Spitzen und heller Rumpfbehaarung schlummert, man möchte es kaum glauben, genetisch gesehen ein Tabby.

Obwohl unzählige Mutationen auftraten und sich zum Großteil durch Zutun des Menschen festsetzen konnten, steckt unter jedem noch so edlen oder extravaganten Fell eine getigerte Kleinkatze, genau wie bei den wilden Verwandten unserer Stubentiger. Der Begriff Tabby leitet sich vermutlich von Attabiya, dem Namen eines für die dort erzeugten marmorierten Stoffe bekannten Stadtviertels von Bagdad ab, könnte aber auch aus der Bezeichnung „Retabi" für einen gemusterten Seidenstoff aus der persischen Antike entstanden sein. Heute unterscheiden wir vier verschiedene Abarten des Tabby: Tabby Mackerel oder getigert, Tabby Blotched oder gestromt, Tabby Spotted oder getupft sowie Abessinier.

Der Tabby Mackerel verdankt seinen Beinamen der Makrele, einem bekannten Meeresfisch mit vielen dunklen Querstreifen auf silbergrauem Grund. Der Tabby Mackerel weist mehr oder weniger regelmäßige, dünne dunkle Streifen auf Agouti-Grund auf. Durch Mutationen wurden aus den dünnen Streifen kompaktere, symmetrisch auf beiden Körperhälften angeordnete Bänder beim Tabby Blotched. Zeichnet man die Häufigkeit dieser Art auf einer Landkarte auf, kann man die historische und geografische Verbreitung

Exotic Tabby Red Mackerel

Ägyptisch Mau Bronze Tabby Spotted

Europäisch Silver Tabby Blotched

ziemlich genau verfolgen: Die Mutation erschien in Europa im Mittelalter, die höchste Konzentration an Tabby Blotched gibt es in England und in den Ländern, die mit England in engerem Kontakt standen: Irland, Bretagne, Normandie, Neuseeland, Kanada und Australien.

Tabby Spotted ist eine Variante des Tabby Mackerel, bei der die Streifen unterbrochen sind und so mehr oder weniger regelmäßige Tupfen bilden. Getupfte Muster kommen auch bei wilden Katzenarten vor, aus der Kunst des Alten Ägypten kennt man frühe Darstellungen von gefleckten Katzen. Die Streifen und Flecken sind das auffälligste Merkmal des Farbschlags Tabby, doch wer genauer hinsieht, erkennt noch mehr Typisches am einzelnen Haar. Die komplex aufgebaute Farbe besteht aus zwei einander überlagernden Komponenten. Ohne die Streifen und Flecken erkennt man die Grundfarbe, eine graue Tarnfärbung, die bei Säugetieren ziemlich häufig vorkommt. Die Basis des Einzelhaars ist bläulich grau, die Spitze schwarz, dazwischen liegt ein gelbliches Band. Man bezeichnet diese Farbe als Agouti. Bei Abessinier, Singapur und einigen anderen Rassen und Varietäten verschwindet die dunkle Zeichnung durch eine Mutation, bleibt jedoch an den Extremitäten sichtbar und verweist immer noch auf die genetische Zugehörigkeit dieser Katzen zum Farbschlag Tabby. Bei Ausstellungskatzen dieser Rassen ist das Muster nur noch schwach an Stirn und Schwanzspitze sichtbar.

Abessinier Red

Genetik

Das für die Tabby-Fellfarbe verantwortliche Gen wird mit dem Buchstaben „T" bezeichnet. Dass es sich dabei um einen Großbuchstaben handelt, weist auf den dominanten Charakter dieses Erbmerkmals hin. So muss das T-Gen nur in einem Chromosom des Chromosomenpaares vorhanden sein, um als Tabby-Farbe zum Ausdruck zu kommen. Vom T-Gen leiten sich die zwei mutierten Allele für Blotched und Abessinier ab.

Die Grundfarbe wird vom Agouti-Gen „A" gesteuert. Die Tabby-Zeichnung ist an das Vorhandensein des dominanten A-Gens gebunden, also muss eine Katze nur ein A-Gen erben, um getigert, gestromt oder getupft zu sein. Von A leitet sich die Mutation „a" (Non-Agouti) ab, die die gelben Streifen auf dem Einzelhaar unterdrückt. Nur auf diese Weise sind einfarbiges Schwarz oder alle anderen einheitlichen Fellfarben möglich (in Englisch *solid* oder *self*).

Bombay Schwarz

Schwarz

Das gleichmäßig durchgefärbte schwarze Haar ist eine der ersten, wenn nicht die erste Mutation überhaupt, die bei der Hauskatze aufgetreten ist. Eine schwarze Katze ist nichts anderes als eine schwarz „verkleidete" Tabby. Auch beim Leoparden kennt man einen Schwärzling, den berühmten schwarzen Panther aus dem Roman *Das Dschungelbuch* von Rudyard Kipling, der die Züchter zur Selektion der Rasse Bombay inspiriert hat.

Bei der Hauskatze verbreitete sich diese Mutation wahrscheinlich schon vor einigen Jahrhunderten durch die Seefahrer auf den Schifffahrtsrouten der phönizischen Kaufleute. Mutationen des Schwarz sind Brown, die verdünnte Form des Hellbraun namens Lilac und Hellbraun oder Cinnamon. Verdünntes Schwarz nennt man Blue.

Burma Brown

Genetik

Tabby-Katzen gelten gewöhnlich als Braun, dabei sind sie genetisch schwarz als Träger des dominanten Gens „B" für *Brown*. Der Beweis für die Richtigkeit dieser auf den ersten Blick paradox anmutenden Regel sind eben die schwarzen Katzen, bei denen durch das Non-Agouti-Gen „a“ die Bänderung auf den Einzelhaaren unterdrückt und eine gleichmäßige Verteilung des schwarzen Pigments erlaubt wird. Eine Mutation des Gens B führt zum Erscheinen der echten braunen Farbe (Chocolate) und wird mit „b“ bezeichnet. Verdünntes Schwarz wird zu Blue, während verdünntes Braun zu Lilac wird.

Die gleichmäßige Verteilung der Pigmente über das Fell wird durch das Gen „C“ (Coloured) gesteuert. Bei der Burma ist die gleichmäßige Färbung an ein rezessives Allel gebunden, das die Anzahl der vorhandenen Pigmente verringert, sodass das Fell einen blasseren, gedeckteren Farbton annimmt. Aus Schwarz wird so Dunkelbraun, aus Rot Hellorange.

Das Gen „D“ (*diluite*, verdünnt) ist für die Konzentration der Pigmentkörner in jedem Haar verantwortlich. So entsteht eine zwar gleichmäßige, jedoch hellere Farbe. Die verdünnte Version des Schwarz ist Blau oder Blue, des Chocolate Lilac, des Hellbraun Helllilac, des Rot Cream.

British Blue

Weiß

Reines Weiß war immer schon eine hochgeschätzte Farbe. Unter den Hauskatzen ist sie jedoch nicht sehr stark verbreitet, da weiße Individuen oft auch Träger von erbbedingten Krankheiten wie Taubheit oder Hautkrankheiten sind. Außerdem gelten weiße Kätzinnen als schlechtere Mütter, was vielleicht damit zusammenhängt, dass sie ihre Jungen nicht hören. Das dominante, für die weiße Farbe verantwortliche Gen „maskiert“ alle anderen Farben und erlaubt nur den Ausdruck von Weiß.

Also kann eine solche Katze genetisch jedem Farbschlag angehören, erst an den Nachkommen wird man erkennen, was sich unter dem weißen Fell verbirgt. Eine weiße Katze kann blaue, kupferfarbene oder ungleich gefärbte Augen haben. Ganz weiße Katzen sind wie bereits erwähnt eher selten, zweifarbige Exemplare mit Weiß dagegen ziemlich häufig. Genetisch ist das Weiß der zweifarbigen Katzen etwas völlig anderes. Bei ihnen wirkt ein genetischer Faktor namens „S“ (Scheckung), der auf einigen Körperpartien die Bildung farbiger Pigmente verhindert. Die Wirkung dieses Gens ist schwer vorhersehbar, daher gibt es unzählige verschiedene Farbstellungen. Bei den Rassekatzen wurde in der Vergangenheit eine möglichst symmetrische Verteilung des Weiß verlangt, doch da sich diese in der Praxis als äußerst schwierig erweist, sind die Regeln in diesem Bereich etwas gelockert worden. Das Weiß kann sich auf bestimmte Körperteile wie Schnauze, Kinn, Brust oder Halskrause und Vorderpfoten beschränken oder sich über den ganzen Körper erstrecken, während die zweite Farbe in Flecken darüber verteilt ist. Van oder Harlekin zum Beispiel weisen nur kleine farbige Bereiche auf Stirn, Ohren und Schwanz auf, wenige kleine Flecken auf dem Körper sind gerade noch zulässig. Eine zweifarbige Katze kann auch ganz weiß sein! Bei dreifarbigen Katzen sind die Farbflecken rot und schwarz oder Varianten dieser Farben (Blue-Cream, Brown-Cream, Lilac-Cream). Durch die genetischen Eigenschaften der Schildpattfärbung sind solche Katzen immer weiblich.

Perser Weiß

Genetik

Das Weiß kann an das Vorhandensein des dominanten Gens „W" gebunden sein, das alle anderen Farben maskiert. Das Gen W wirkt auch auf die Augen, sodass homozygote Exemplare (WW) im Allgemeinen blaue Augen haben. Es können jedoch Taubheit und andere pathologische Störungen mit dieser Art Weiß einhergehen.

Bei den zweifarbigen Katzen hängt der Ausdruck der Farbe Weiß vom dominanten Gen „S" für Spotted oder Scheckung ab. Der Wirkungsbereich dieses Gens kann stark variieren und ist schwierig vorauszusehen. Bei den dreifarbigen Katzen sind die roten und schwarzen Flecken umso größer und abgegrenzter, je mehr Weiß vorhanden ist.

Rot

Die rote Fellfarbe kann zwei verschiedene Ursachen haben: den Faktor für das geschlechtsgebundene oder echte Rot (engl. *Red*) oder den für das nicht geschlechtsgebundene Rot.

Beim Abessinier rührt das Rot vom Gen für Hellbraun her und wird daher auch Cinnamon oder Sorrel genannt, die verdünnte Abart nennt sich Fawn oder Beige im Gegensatz zum verdünnten Red, das als Creme oder Cream bezeichnet wird. Das echte Rot und das Creme sind an das Gen „O" für Orange gebunden, das immer vom X-Chromosom getragen wird. Männliche Tiere erben das X-Chromosom der Mutter und das Y-Chromosom des Vaters, sie können daher nur ein O-Gen haben, was zu roter Grundfarbe mit dunkleren Streifen führt.

Ragdoll Seal Zweifarbig

Da die Weibchen zwei X-Chromosomen besitzen, brauchen sie zwei O-Gene (OO), um ein rotes Fell wie die Männchen zu zeigen. Rote Männchen sind häufiger als Weibchen, Letztere zeigen häufiger die Schildpattfärbung oder Tortie bzw. Tortieshell. Nur ganz selten erben die Männchen ein weiteres X-Chromosom und können so ebenfalls die Schildpattfarbe aufweisen, wenn die beiden Allele Oo zusammentreffen, doch diese Individuen sind dann steril.

Exotic Calico

Alle roten Katzen sind Tabby, denn das Non-Agouti-Gen „a" hat auf das rote Pigment keine Wirkung. Dass es dennoch rote Katzen mit gleichmäßiger Farbe gibt, ist darauf zurückzuführen, dass Züchter versuchen, Exemplare mit geringem Unterschied zwischen Grundfarbe und Muster zu selektieren. Oft sieht man noch Spuren der Zeichnung am Kopf, an den Pfoten und am Schwanz. Häufig treten bei Jungtieren die sogenannten Geisterstreifen auf, die später verschwinden.

Zeichnet man die Häufigkeit der geschlechtsgebundenen roten Fellfarbe bei Katzen auf einer Landkarte ein, so weist die Verteilung darauf hin, dass diese Mutation vermutlich in der Türkei und Kleinasien zuerst auftrat und sich dann über die Meere und Flussmündungen nach Nordosteuropa ausbreitete, wo sie besonders auf den Schottischen Inseln geschätzt war. Neben diesen Inseln findet man die höchste Konzentration an roten Katzen in Großbritannien, der französischen Bretagne, im Rheintal, in Sizilien, Kalabrien und an der Küste Nordafrikas.

Genetik

Die rote Fellfarbe ist an das Gen „O" (engl. *Orange*) gebunden, das auf dem X-Chromosom sitzt. Bei den Männchen, die nur ein X-Chromosom besitzen, kommt die Fellfarbe Tabby Red mit nur einem O-Gen zum Ausdruck. Die Weibchen müssen zwei O-Gene besitzen (OO), damit sie dieselbe Fellfarbe zeigen wie die Männchen. Bei ihnen findet man häufiger die Kombination Oo, das genetische Merkmal für die Schildpattfärbung. Alle roten Katzen sind genetisch Tabby, da das Non-Agouti-Gen das rote Pigment nicht beeinflusst.

Maine Coon Tortie mit Weiß

Colourpoint

Die typische Färbung der Siamkatze mit den dunklen Spitzen an Pfoten, Schwanz, Ohren und Nase auf elfenbeinfarbener Grundfarbe wurde in Europa erst Ende des 19. Jahrhunderts eingeführt und erregte großes Interesse und Aufsehen unter den Katzenfreunden. Das spektakuläre Fellkleid und die ansprechenden blauen Augen der Siam sind auf ein Gen zurückzuführen, das auf die Verteilung der Pigmente auf dem Körper so einwirkt, dass sie sich an Stellen mit geringerer Körpertemperatur konzentrieren. Das sind die peripheren Körperteile wie Pfoten, Nase, Ohren, Schwanz und bei den Männchen die Hoden. Siamkatzen sind ursprünglich schwarze Katzen, wenn die Extremitäten auch dunkelbraun erscheinen. Mittlerweile gibt es durch Einkreuzung verschiedener anderer Kurzhaarrassen alle möglichen Spitzen-Farben.

Bei der Geburt sind die Kätzchen weiß, die Farbpigmente verdichten sich erst in den folgenden Monaten und Jahren. Mit den Jahren beginnt der Körper nachzudunkeln, der verminderte Kontrast zu den dunklen Extremitäten schränkt den Erfolg der Tiere ab einem gewissen Alter auf Katzenausstellungen deutlich ein. Die Siam wurde auch benutzt, um ihre spezielle Fellfarbe in andere Rassen einzubringen. Der Colourpoint-Perser ist ein solches Beispiel, allerdings kommt die Wirkung dieses Gens bei kurzhaarigen Rassen viel deutlicher zum Ausdruck als bei langhaarigen. Das dichte Fell der langhaarigen Katzen verhindert nämlich ein deutliches Absinken der Körpertemperatur an den betreffenden Stellen. Bei den sogenannten „natürlichen" Rassen ist die Colourpoint-Fellfarbe bei den Standards ausgeschlossen, da sie auf eine Kreuzung mit einer Siamkatze oder einer anderen Rasse hindeutet. Das Siam-Gen kann auch mit Anomalien des Sehsinnes assoziiert sein, doch selektive Züchtung hat in letzter Zeit zu einem Rückgang dieser Problematik geführt.

Genetik

Das Gen „C" für Coloured ist dominantes Element einer Serie von Faktoren mit der Wirkung, die Pigmentanzahl in Fell und Augen schrittweise zu reduzieren. Das extreme Gegenteil von „C" ist „c", der Albinofaktor, durch den Kätzchen mit rosafarbenen Augen und ebensolcher Haut zur Welt kommen.

Siam Chocolate Point

Thai Seal Tabbypoint

Siam Blue Point

Die Siam-Farbe nennt sich Colourpoint (oder amerikanisch Colorpoint) und ist an die Präsenz des rezessiven Allels cs gebunden. Bei der Tonkinese ist die Wirkung des Siam-Allels mit dem der Burma verbunden, das Fell weist dazwischenliegende Charakteristika auf.

Chinchilla

Seit 1800 sind schattierte Farbstellungen bekannt und bei den Rassen mit halblangem und langem Haar besonders geschätzt. Die beiden damals bekannten Farbschläge waren Silver Tabby und Smoke. Als das erste Exemplar eines Chinchilla-Persers, ein Kater aus englischer Zucht namens „Silver Lambkin", zum ersten Mal offiziell vorgestellt wurde, erregte die neue Farbe sogleich stürmische Begeisterung unter den Züchtern und Katzenliebhabern und wurde sofort zu einem neuen Selektionsziel. Die ersten Chinchillas waren noch viel dunkler als der moderne Standard und hatten deutliche „Ringe" an den Pfoten, sodass sie noch oft mit den Silver verwechselt wurden. Moderne Exemplare sind fast weiß und zeigen nur einen leichten silbernen Schimmer.

Die Silberreflexe treten bei der Farbe Silver Shaded deutlicher hervor, beim Silver Tabby sitzen sie auf den Tigerstreifen, und beim Smoke sind sie fast schwarz. Bei diesem Farbschlag sind die farbigen Pigmente nur an der Spitze des Haares konzentriert, daher spricht man in Fachkreisen auch von „Tipping" (von engl. *tip* für Spitze). Beim Chinchilla ist nur das letzte Achtel der Haarlänge getippt, beim Silver Shaded etwa ein Drittel. Beim Silver Tabby ist das Haar im Bereich der Tigerstreifen fast zur Gänze gefärbt, nur der Wurzelbereich ist hell, die Haare der Grundfarbe sind nur schwach pigmentiert. So entsteht ein kontrastreiches Muster mit sehr dunkler Zeichnung.

Beim Smoke erscheint die Katze in Ruhestellung schwarz, erst wenn sie sich bewegt, sieht man die silberweiße Haarwurzel hervorschimmern. Fast das ganze Haar ist pigmentiert, nur der Wurzelansatz bleibt weiß. Schwarz ist bei dieser Farbstellung am bekanntesten, doch jeder Farbschlag und jede Zeichnung kann auch getippt vorkommen, sowohl bei langhaarigen als auch bei kurzhaarigen Rassen. Wenn das Haar in Red oder Cream getippt ist, spricht man von Cameo. Es gibt drei

Perser Tortie Smoke mit Weiß

Abstufungen, je nachdem, wie weit das Haar pigmentiert ist: Shell Cameo entspricht Chinchilla, Shaded Cameo und Smoke Cameo sind die zweite und dritte Variante. Die Farbe Golden Shaded ist ähnlicher Natur, das Haar ist dunkel getippt, die Basis aber nicht weiß, sondern warm aprikosenfarben getönt. Zusammen mit der schwarzen Haarspitze ergibt das einen attraktiven Goldton. In diesem Fall bewirkt nicht das Gen, das die Pigmentierung auf einem Teil des Haares verhindert, die Farbgebung, sondern ein Gen, das den gelblichen Agouti-Streifen auf dem Haar verlängert.

Genetik: Mit Ausnahme der Cameo-Varianten ist bei allen Katzen mit schattiertem Fell die Verteilung der Pigmente auf dem Haar durch das dominante „I"(Inhibitor)-Gen gesteuert, das die Pigmentproduktion besonders in ohnehin weniger pigmentierten Bereichen unterbindet. Silver Tabby, Shaded Silver und Chinchilla sind also auf ein und dasselbe Gen zurückzuführen, es wirkt nur verschieden stark.

Perser Silver Shaded

Perser Golden Shaded

Ägyptisch Mau Silver Spotted (Tabby).

Die Farben der Katze

Englisch	Deutsch
Black	Schwarz
Blue	Blau
Brown	Braun
Calico	Schildpatt mit Weiß
Chinchilla	Chinchilla
Chocolate, Chestnut brown	Schokoladenbraun, Kastanienbraun
Cinnamon, Light brown	Zimt, Hellbraun
Colourpoint, Colorpoint	Colourpoint, Siamfarbe
Cream	Creme
Golden	Gold
Lavender, Lilac, Platinum	Lavendel, Lila, Platin
Light lilac, Light lavender	Helllila, Helllavendel
Cream fawn, Beige	Beige
Lynx	Luchs (orientalisch mit Tabby-Spitzen)
Magpie	Schwarz-Weiß
Mink	Zobel
Non-sex-linked red, Sorrel	Rotbraun
Orange, Red	Rot
Point	Spitzen
Seal, Sable	Sand
Self, Solid	dicht, einfarbig
Shaded	schattiert
Shaded silver, Pewter	Zinn
Silver	Silber
Smoke	Rauchfarbe
Spot	kleiner, runder Farbfleck
Tabby blotched	gestromt
Tabby tortie, Patched tabby, Torbie	Schildpatt-Tabby
Tortieshell, Tortie	Schildpatt
White	Weiß

Die richtige Katze wählen

In den letzten zehn Jahren hat die Katze ihr Revier von den Hinterhöfen, Straßen und Gärten immer mehr in den unmittelbaren Lebensbereich des Menschen verlagert. Mit der wachsenden Anzahl der Stadtbewohner wächst auch die Zahl der Wohnungskatzen. Durch den engeren Kontakt wurde die zärtliche Bindung zwischen den kleinen Vierbeinern und ihren Besitzern enger und bedeutender. Auf dem Bauernhof ist die Katze zwar ein durchaus vertrauter Anblick, doch der Kontakt mit den Menschen beschränkt sich oft auf die Fütterungszeiten, wenn die Katzen aus allen Ecken herbeigeeilt kommen und sich an den Beinen ihrer Ernährer reiben. Die Katze in der Stadtwohnung hat weniger Bewegungsfreiheit, dafür wird ihr jedoch mehr Aufmerksamkeit zuteil, oft bekommt sie eine ausgewogenere Ernährung, und für ihre Gesundheit wird mit Impfungen und Prävention gesorgt. Das ständige In-der-Wohnung-Bleiben bewahrt sie überdies vor den vielfältigen Gefahren des Stadtlebens. Im engen Zusammenleben können sich jedoch auch Probleme ergeben, und gerade deshalb ist die Auswahl der richtigen Katze besonders wichtig. Das auffälligste und oft entscheidende Kriterium ist die Farbe: Man möchte ein schwarzes, weißes, getigertes, rotes oder geflecktes Kätzchen, um nur einige wenige der vielfältigen Möglichkeiten zu nennen.

Wenn wir aus einem Wurf junger Kätzchen in verschiedenen Farben eines aussuchen sollen, leiten uns oft Wunschvorstellungen

Bei der Auswahl der Katze richten sich die Menschen oft nach den Kriterien Farbe, Statur und Geschlecht. Doch es ist sehr wichtig, darüber nicht zu vergessen, dass auch der Charakter des Tieres und die nötige Pflege für ein beiderseits erfreuliches Zusammenleben eine entscheidende Rolle spielen.

und Erinnerungen aus der Vergangenheit. Eine geliebte Katze aus der Kindheit wird oft zur Verkörperung des idealen Haustiers und zum Leitbild bei der Wahl des neuen Hausgenossen. Einige Züchter behaupten, Katzen mit verdünnten Fellfarben seien sanfter und anhänglicher, doch ein definitiver Zusammenhang zwischen Charakter und Farbe konnte noch nie nachgewiesen werden.

Das zweite wichtige Kriterium ist die Statur: Einige bevorzugen die große Katze mit den ewig kindlichen Körperformen, andere die raubtierhafte Katze, die den wilden Verwandten ähnelt, wieder andere fasziniert die schlanke Orientalin oder das kleine, grazile Tier. Die Körpergröße kann in praktischer Hinsicht durchaus eine Rolle spielen: Ältere Menschen beispielsweise könnten Schwierigkeiten haben, eine sehr große Katze hochzuheben und werden daher wahrscheinlich lieber eine kleinere, schlankere Art wählen.

Das dritte Kriterium ist das Geschlecht. Wohnungskatzen, ob männlich oder weiblich, werden heute so gut wie immer sterilisiert, damit wird Problemen aufgrund des Sexualverhaltens weitgehend vorgebeugt. Weibchen gelten gewöhnlich als die geeigneteren Wohnungskatzen, da sie anhänglicher sind und weniger Platz brauchen als Kater.

Doch Farbe, Statur und Geschlecht haben nur bedingt Auswirkungen auf das Zusammenleben, während Charakter und erforderliche Pflege den Alltag mit der Katze ganz entscheidend beeinflussen können. Wer nach einem kleinen, ständig schnurrenden „Schmusetiger" sucht, sollte eine ruhigere Katze wählen, die Körperkontakt und Liebkosungen gerne hat, ein dynamisches Kätzchen dagegen ist ein aktiverer, temperamentvollerer Spielgefährte. Manche Katzen sind ruhig und reserviert und gehen allzu intensiven Zärtlichkeiten lieber aus dem Weg. Wie aktiv eine Katze ist, lässt sich bei Jungtieren leicht feststellen, manche lassen sich deutlich länger im Arm halten und bleiben überhaupt lieber in der Nähe der Menschen als andere.

Das zweite Charakteristikum, die Geselligkeit, teilt die Katzenpopulation in zutrauliche und scheue Tiere. Scheue Kätzchen fürchten sich vor Menschen und Geräuschen, verstecken sich oder laufen davon. Diese Eigenschaft kann angeboren sein oder auch das Resultat mangelnder Kontakte mit Menschen in den ersten Lebensmonaten. Unsichere Kätzchen können später sehr anhänglich werden und folgen ihrem menschlichen Gefährten überall hin, meiden jedoch fremde Personen und jede Art von Lärm und Tumult. Eine Aussage über die emotionale Stabilität bekommen wir, indem wir beobachten, wie das Kätzchen auf andere Katzen reagiert und ob es sich von äußeren Ereignissen leicht stören lässt. Die Persönlichkeit der Katze ist ganz und gar individuell und hat mit ihrem eigenen Geschlecht wenig zu tun, wird aber auch von Alter, Charakter und Geschlecht ihres menschlichen Gefährten kaum beeinflusst. Bei den Rassekatzen ist es relativ einfach, den Charakter einer Katze vorherzusehen, denn die jahrelange Zucht hat Eigenschaften wie Geselligkeit und Zutraulichkeit sowie Mangel an Aggressivität deutlich gefördert.

Beim Kauf einer Rassekatze ist man also bereits darauf vorbereitet, welche Art von Pflege, wie viel Raum und wie viel Aufmerksamkeit unser zukünftiger Gefährte benötigen wird. Beim Perser ist die Pflege besonders aufwendig, sein langes Haar muss einmal täglich gründlich gebürstet werden. Doch ansonsten ist er ruhig, genügsam und erträgt auch mehrere Stunden Alleinsein sehr gut. Das extreme Gegenteil ist die Orientalin, ihr kurzes, anliegendes Fell benötigt kaum besondere Pflege, doch sie ist sehr anhänglich und braucht viel Aufmerksamkeit, Spiel und Körperkontakt.

Der folgende Nachschlageteil bietet einen Gesamtüberblick über die Vielfalt und die Unterschiede in der Welt der Katzen. Die verschiedenen Rassen werden mit ihren jeweiligen Merkmalen und Charaktereigenschaften vorgestellt.

Ein Kätzchen auswählen

Ob es nun eine edle Rassekatze oder ein gewöhnliches Hauskätzchen ist, wenn wir vor einem potenziellen Kandidaten stehen, müssen wir unsere Aufmerksamkeit zuallererst auf seinen Gesundheitszustand richten. Ist die Katze in gutem Allgemeinzustand, ist das Fell sauber und weich, sind die Augen klar und offen, ist der Blick wach? Der Bauch darf nicht aufgebläht sein, das wäre ein Anzeichen für Darmparasiten, auch die Augen dürfen nicht trüb sein oder tränen, die Bindehaut sollte nicht gerötet sein. Das Innenohr muss sauber und frei von dunklen Verkrustungen sein, die auf Milben hindeuten könnten. Streichelt man das Kätzchen gegen den Strich, kann man leicht Exkremente von Hautparasiten wie Flöhen oder Zecken als dunkle Punkte erkennen. Das Fell darf keine kahlen oder geröteten Stellen aufweisen, sie könnten auf Pilzinfektionen der Haut hindeuten. Außerdem sollte die Katze alle empfohlenen Impfungen empfangen haben. Das ist für den Züchter zwar nicht gesetzlich vorgeschrieben, doch es liegt in seinem eigenen Interesse, für die Gesundheit der Tiere zu sorgen und seine Population vor ansteckenden und oft tödlichen Krankheiten zu schützen. Auch die Mutter sollte in gutem körperlichen Zustand sein.

Katzenkinder sollen nicht nur gesund sein, sondern auch zutraulich und dem Menschen gegenüber freundlich eingestellt. Ein Kätzchen wird nur dann Vertrauen zu uns Zweibeinern haben, wenn es zwischen der zweiten und siebten Lebenswoche häufig Kontakt mit Menschen hatte. In dieser Zeit lernt es mit seiner Umwelt zu kommunizieren. Fern vom Menschen aufgewachsene Kätzchen reagieren mit Angriff oder Flucht, wenn wir uns nähern, Kätzchen, die zu wenig Kontakt mit Menschen hatten, nähern sich vorsichtig, ziehen sich zurück, kommen aber immer wieder. Aus einem Wurf Kätzchen sucht man sich am besten das aus, das am freundlichsten auf einen zukommt, sich ohne Protest hochheben lässt, ohne Klageschreie oder Befreiungsversuche im Arm bleibt und die Gesellschaft des Menschen offensichtlich der der Geschwister vorzieht. Wenn man jedes Kätzchen einmal auf den Arm nimmt, wird man die Unterschiede bald feststellen: Diejenigen, die sich bald wieder befreien und davonspringen, werden auch als erwachsene Tiere aktiver und weniger zärtlichkeitsbedürftig sein. Außerdem findet man bei diesem Test auch heraus, welche der Kätzchen am lautfreudigsten sind. Aktivere Kätzchen sind verspielt und sehr neugierig und lassen sich allerlei Dummheiten einfallen.

Wenn das Kätzchen in den ersten Lebenswochen häufigen und freundlichen Kontakt mit Menschen hatte, wird es auch in den folgenden Jahren zutraulich sein und gerne mit seinem neuen Gefährten spielen.

Das Verhalten der Katze

Sozialverhalten

Die Feliden sind geschickte Raubtiere und ihrer Natur nach Einzelgänger. Jedes Tier hat sein eigenes Jagdrevier, das groß genug ist, um es mit genügend Wasser und Nahrung zu versorgen und ihm und seinem Nachwuchs Schutz zu bieten. Nur zur Paarungszeit wird die Einsamkeit aufgegeben, das Männchen bleibt eine Zeit lang mit seiner Auserwählten zusammen. Mit dem Ende der empfängnisbereiten Periode des Weibchens endet auch diese kurze Episode der Zweisamkeit und die Pflicht des Katers ist erfüllt. Wenn das Weibchen aufgenommen hat, wird sie ihre Jungen allein zur Welt bringen und für sie sorgen. Einige Monate wird die Mutter dann in Gesellschaft ihrer Kinder verbringen, bis diese selbst die Geschlechtsreife erreicht haben und sie auf der Suche nach einem eigenen Revier verlassen.

Der einzige Vertreter der Feliden, der die Ausnahme von der Regel darstellt, ist der Löwe. Diese Großkatzen bilden stabile Gruppen aus mehreren Weibchen. Die Löwinnen sind meist miteinander verwandt, Mütter, Töchter, Schwestern, Tanten und Cousinen jagen zusammen und kümmern sich gemeinsam um die Jungen. Doch auch beim Löwen geht die Toleranz gegenüber Artgenossen nicht über das eigene Rudel hinaus.

Wie die meisten Feliden neigt auch die Hauskatze dazu, sich fest in einem bestimmten Territorium niederzulassen und verteidigt dieses gegen fremde Eindringlinge. Dieses Band, das die Katze mit dem Gebiet, in dem sie lebt, verbindet, ist uralt, tief verwurzelt und so stark, dass man ihr oft vorwurfsvoll nachsagt, ihr liege mehr am Haus als an seinen Bewohnern. Doch sie ist ein jagender Einzelgänger, dessen Überleben in der Natur einzig und allein von seiner Geschicklichkeit und von seiner Fähigkeit, die Beute gegen Konkurrenten zu verteidigen, abhängt, und so ist es nicht erstaunlich, dass für die Samtpfote das Territorium an erster Stelle steht und die Freundschaft erst danach rangiert. Der Hund dagegen, der im Gegensatz zur Katze ein sozialer Jäger ist, hat eine dementsprechend stärkere Bindung an das Rudel als an das Revier. Katzen sind Individualisten und bestimmen lieber selbst, wo und in wessen Gesellschaft sie ihre Zeit verbringen wollen. Man kann ihnen nur schwer Beschränkungen und Grenzen auferlegen, doch deshalb kann man sie sicherlich nicht unsozial nennen. Die vielen Jahrhunderte des Zusammenlebens mit den Menschen hat auch sie mehr zu „Herdentieren"

Auf dem Land kann man oft beobachten, wie sich Katzen in kleinen matriarchalischen Gruppen zusammenschließen.

werden lassen als ihre wilden Verwandten. Auf dem Land, wo die Katzen zwar meist zu einem Haus gehören, aber dort außerhalb der direkten Kontrolle der Menschen leben, kann man oft beobachten, wie sie kleine Gruppen aus verwandten Weibchen, deren Jungen, halbwüchsigen Tieren und einem oder zwei Katern bilden. Die vielen Katzen in den verschiedensten Farben, die sich am Abend um den Futternapf drängen, stammen wahrscheinlich alle von einer einzigen Katze ab, welche die Begründerin dieser Kolonie war.

Während sich die Männchen mit dem Erreichen der Geschlechtsreife meist zerstreuen, bleiben die Weibchen im Revier der Mutter und tragen so zur Vergrößerung der Kolonie bei. Genau wie die Löwinnen verjagen sie fremde Eindringlinge, gegenüber ausgewachsenen Katern verhalten sie sich allerdings toleranter, denn diese sind größer und aggressiver als die Kätzinnen. Außerdem stellen sie mögliche Geschlechtspartner dar und bedeuten keine Konkurrenz für die Weibchen, die mit der Aufzucht der Jungen beschäftigt sind. Doch auch wenn sie das von den Menschen bereitgestellte Futter teilen, bleiben sie auf der Jagd doch Einzelgänger. Sobald die Nacht hereinbricht, schleichen sie wieder einsam durch die Wiesen und Wälder, jeder auf der Suche nach einem kleinen Beutetier.

In großen Städten, wo das Nahrungsangebot entsprechend reichlich ist und die öffentlichen Organe sich nicht verstärkt um die Unterbringung herrenloser Tiere in Tierheimen kümmern, kann man in bestimmten Bereichen oft zahlreiche Katzen antreffen. Städtische Gärten, Friedhöfe, Ausgrabungsstätten und auch Industriegebiete sind Orte, wo sich große Kolonien bilden. Innerhalb der Kolonie besteht eine Rangordnung von kleineren, matriarchalischen Gruppen. Die Katze verzichtet nicht aus eigener Initiative auf ihren eigenbrötlerischen Lebensstil, sondern macht aus der Notwendigkeit eine Tugend: Wenn sie in einem Haus lebt, weiß sie die Vorteile zu schätzen und entwickelt eine zärtliche Bindung an ihre menschlichen Gefährten. Die Anwesenheit von Artgenossen und anderen Tieren wie auch Hunden kann sie tolerieren und auch schätzen und lieben lernen.

Kommunikation

Im Gegensatz zum Hund, der zu stürmischen Gefühlsäußerungen und Temperamentsausbrüchen neigt, verlaufen die Beziehungen zwischen Katzen meist diskreter und für einen ungeübten Beobachter oft kaum wahrnehmbar. Bei näheren Kontakten benutzen sie Signale der Körpersprache und teilen ihren emotionalen Zustand durch eine gewisse Haltung und Bewegungen des ganzen Körpers und des Schwanzes mit. Auch die Stellung der Ohren und die Erweiterung oder Verengung der Pupillen spielen eine Rolle. Wenn sie unbemerkt vorbeigehen wollen, nehmen sie eine neutrale Haltung ein, tragen den Schwanz aufrecht, wenden den Blick von den Anwesenden ab und suchen schnell einen einsameren Ort auf. Wenn die Spitze des aufrechten Schwanzes stark durchgebogen ist, fast wie ein Fragezeichen, dann bedeutet das eine freundliche Begrüßung, oder auch Vorfreude auf das, was sie von ihrem menschlichen Gefährten erwartet: Nahrung, Streicheleinheiten oder Spiel. In entspannter Haltung wird der Schwanz horizontal mit leichter Biegung nach unten getragen. Ist der Schwanz stark nach unten gebogen und aufgeplustert, so ist das ein Zeichen der Drohung und Aggressivität, während ein nach oben durchgebogener Schwanz Ängstlichkeit und Unsicherheit signalisiert. Die Schwanzspitze ist eine sensible Antenne für die emotionale Lage der Katze: Sie zuckt nervös vor dem Sprung auf die Beute oder auch wenn das Kätzchen durch irgendetwas Unbekanntes irritiert ist. Mit steif aufgerichtetem Schwanz genießt die Katze das Streicheln über den Rücken, wird er dagegen schnell und heftig hin- und hergeschwenkt, so steht sie unter Stress, wie etwa wenn sie die Begegnung mit einem Hund fürchtet oder aus dem Haus gehen will und heftigen Regen vorfindet.

Weitere wichtige Signale gehen natürlich auch vom Gesichtsausdruck aus: Fixieren des Gegenübers mit den Augen ist eine klare Drohung, die noch deutlicher ausfällt, wenn sich die Pupillen zu Schlitzen verengen. Dazu richten sich die Schnurrhaare deutlich nach vorne, der Hals wird eingezogen und die Ohren zur

Die Körpersprache der Katze signalisiert unmissverständlich ihre Absichten: Macht sie sich größer, bereitet sie sich darauf vor, zum Angriff überzugehen.

Seite gefaltet. Erweiterte Pupillen signalisieren Angst und Unterwerfung. Ist die Katze entspannt und fühlt sie sich rundherum wohl, werden die Augen halb geschlossen gehalten, die Nickhaut wird dann sichtbar. Die äußerst beweglichen Ohren zeigen zur Seite gefaltet, wie schon erwähnt, Aggressivität an, flach nach hinten eng an den Kopf anliegend signalisieren sie Furcht und spitz nach vorne gerichtet Neugier und Aufmerksamkeit. Bei Tigerkatzen wird das Ohrenspiel durch einen hellen Fleck auf der Außenseite der Ohrmuschel noch deutlicher sichtbar und ausdrucksvoller. Besonders gut kann man das beim Tiger und bei manchen anderen Wildkatzen beobachten.

Im Gegensatz zum Hund hat die Katze sicherlich ein viel expressiveres Mienenspiel, doch auch bei ihr ist das Entblößen des eindrucksvollen Gebisses ein klarer Hinweis darauf, was ein Gegner riskiert, der sich mit ihr anlegen will. Wir Menschen können die Katze und ihren emotionalen Zustand am besten verstehen, wenn wir die gesamte Körperhaltung beobachten, sie zeigt unmissverständlich an, ob sich die Samtpfote gerade ärgert, erschreckt wurde, verunsichert ist oder selbstbewusst und ausgeglichen den Tag genießt. Unmittelbar vor dem Angriff macht sich die Katze größer, bedrohlicher, streckt die Beine ganz durch, plustert das Fell auf und geht langsam auf den Gegner zu. Die unsichere Katze hingegen macht sich klein, versammelt die Beine unter dem Körper und legt den Schwanz eng an. Dabei kauert sie sich auf den Boden, um sich nötigenfalls sofort auf den Rücken fallen zu lassen und den Gegner mit Krallen und Zähnen abwehren zu können.

Natürlich ist das Verhalten in weniger dramatischen Situationen nicht immer so klar ersichtlich. Außerdem neigen Katzen dazu, Konfliktsituationen zu vermeiden und gehen einander lieber aus dem Weg. Sie versuchen unbemerkt vorüberzuschleichen und oft genügt schon ein längerer Blick, eine schnelle Bewegung des Schwanzes und der Ohren, ein kleiner Schritt vor oder zurück und die Situation ist geklärt. Neben den Signalen für Angst, Bedrohung oder Unsicherheit teilt uns die Katze auch mit, wenn sie Vertrauen, Freundschaft oder Zuneigung empfindet. Sie legt sich in unserer Nähe zu einem Schläfchen nieder, schließt die Augen halb, wenn wir sie ansehen, kommt uns mit freudig aufgerichtetem Schwanz zur Begrüßung entgegen. Noch deutlicher sind die Signale, wenn sie uns überallhin auf den Fersen folgt, unsere Aufmerksamkeit auf sich ziehen will, den Körperkontakt sucht, sich an die Beine schmiegt und an den Händen leckt, auf unserem Schoß liegen bleibt und mit ihren Vorderpfoten unsere Beine „knetet". Akustische Signale werden erst eingesetzt, wenn sich die Katzen bereits näher gekommen sind, sie verstärken die übrigen Aussagen. Fauch- und Knurrlaute sind Signale für Aggressivität oder auch Angst, bei den nächtlichen „Konzerten“ der Kater mit ihrem lamentierenden Geschrei geht es um Rivalität und Brautwerbung. Der charakteristischste Laut, den die Katze hervorbringt, ist sicherlich das Miauen, das unterschiedliche Bedeutung haben kann und in den verschiedensten Situationen angewandt wird. Katzen „sprechen“ gewöhnlich mehr mit ihren menschlichen Gefährten als mit Artgenossen, die die spezifischen Signale der Körpersprache besser deuten können. Vielleicht ist der Grund dafür auch die frühkindliche Erfahrung der Kätzchen, wenn sie miauten, bekamen sie mehr Zuwendung, Streicheleinheiten und Leckerbissen, so wurde dieses Verhalten durch die Domestizierung verstärkt. Da wir Menschen so viel Wert auf sprachliche Kommunikation legen, ist ein stummer Gefährte wahrscheinlich weniger attraktiv für uns. Einige Rassekatzen sind allerdings so lautfreudig, dass die „Gesprächigkeit“ nicht mehr immer nur erfreulich ist, sondern auch zur Last werden kann.

Ein anderer, unter Katzenliebhabern wohl bekannter und beliebter Laut ist das Schnurren. Bereits in den ersten Lebenstagen drücken die Kätzchen Wohlbefinden durch beständiges Schnurren aus. Es ist ein sehr kommunikativer Laut mit starker nicht-akustischer Komponente, denn bei Körperkontakt werden die Vibrationen auf das Muttertier oder den menschlichen Gefährten übertragen.

Besonders glückliche Katzen schnurren dauernd, aber auch sehr scheue und unsichere Tiere können versuchen, sich die Gunst ihres Gefährten zu erobern oder zu bewahren, indem sie ständig und noch aus einer gewissen Entfernung hörbar schnurren. Schnurren, am Körper reiben und den Schwanz hoch tragen sind friedfertige Signale, die Aggressionen bremsen und an Freundschaft und Toleranz appellieren.

Das dritte Kommunikationssystem, über das die Katze verfügt, würde der Mensch wahrscheinlich gar nicht bemerken, wäre da nicht der penetrante Geruch des Urins der Kater. Diese Duftsignale werden sowohl zur Kommunikation in der direkten Begegnung als auch über weitere Entfernungen, als „Telekommunikation“ sozusagen, eingesetzt. Die dazu nötigen Duftstoffe werden in Talg- und Schweißdrüsen produziert, die an gewissen Stellen konzentriert sind: am Kopf (Kinn, Maulwinkel), an den Pfoten und im Analbereich. Sie werden durch Reiben an Gegenständen, Pflanzen und Personen, durch Kratzen sowie durch Verspritzen von Urin verteilt.

Durch Reiben verteilt die Katze persönliche Duftmarken in ihrem Revier. Die Duftstoffe entstehen in speziellen Drüsen und sind für die Kommunikation unter Artgenossen äußerst wichtig.

Vermehrung

Eine Katze kann, besonders wenn sie im Haus lebt, zu jeder Zeit des Jahres Nachwuchs bekommen. Nimmt sie nicht auf, wird sie nach ungefähr drei Wochen wieder rollig. In dieser Zeit ist die Katze etwa fünf bis sechs Tage empfänglich. Bei frei lebenden Katzen ruft das Weibchen zahlreiche Bewerber herbei, ehe sie einen auswählt, das tut sie unter anderem auch mittels der Duftstoffe in ihrem Urin, die ihre Paarungsbereitschaft signalisieren. Dazu kommen eindringliche Rufe und ein spezielles Verhalten. Die rollige Katze reibt sich ständig an Gegenständen und rollt sich oft auf dem Boden. Wenn sich die Verehrer dann einfinden, werden sie in der ersten Phase durch Fauchen und Pfotenhiebe, denen erfahrene Kater geschickt auszuweichen verstehen, auf Distanz gehalten. Die Kätzin zieht sich in sichere Entfernung zurück, und die Brautwerber müssen einen regelrechten Nervenkrieg mit den Nebenbuhlern durchstehen, um die Auserwählte zu erobern. Da werden bedrohliche Blicke und Hiebe ausgetauscht, ein lautstarkes Katzenkonzert entsteht. Sie mustern sich gegenseitig und schleichen langsam um den anderen herum, ohne ihn aus den Augen zu lassen. Wenn keiner der beiden Bewerber sich rechtzeitig zurückzieht, kann aus diesen Begegnungen leicht eine handfeste Rauferei werden, das Resultat sind Biss- und Kratzwunden, die sich infizieren können. Das Herumstreifen und die Kämpfe mit Nebenbuhlern sind mit ein Grund dafür, dass die Sterblichkeit unter nicht kastrierten ausgewachsenen Katern höher ist als unter den kastrierten Artgenossen.

Die Paarung kann erst stattfinden, wenn das Weibchen ihre Bereitschaft signalisiert und die typische, am Boden kauernde Haltung mit in die Höhe gestrecktem Hinterteil und zur Seite gebogenem Schwanz einnimmt. Der ganze Akt dauert nur wenige Sekunden und endet abrupt, indem das Weibchen das Männchen gewaltsam abschüttelt. Während sie rollig ist, kann sich eine Kätzin mit mehreren Männchen paaren. Meist endet diese Periode mit dem Beginn der Tragzeit, doch in den ersten Wochen ist das nicht mit Sicherheit feststellbar. Erst in den letzten drei Wochen sind die Kätzchen groß genug, so dass der Körperumfang der Kätzin sichtbar wächst. In dieser Zeit schwellen auch die Milchdrüsen an und die Katze neigt dazu, beim Schlafen auf der Seite zu liegen. Die Tragzeit beträgt im Schnitt 63 bis 65 Tage. In den letzten Tagen ist die Kätzin nervös und sucht unablässig nach einem sicheren Ort, einem Nest für die Geburt, auch leckt sie sich öfters die Zitzen und die Analregion. Hauskatzen suchen sich oft das Zimmer der Person im Haus

In den letzten Tagen der Tragzeit sucht sich die Katze ein geeignetes Nest, wo sie ihre Jungen in Sicherheit und ungestört zur Welt bringen kann.

aus, zu der sie die engste Beziehung haben. Das Nest kann ein halb geöffneter Schrank sein, eine Schublade, eine Schachtel oder auch das Bett. Die Geburt kann – je nach Anzahl der Kätzchen – bis zu einigen Stunden dauern. Ein Kätzchen benötigt etwa eine Viertelstunde. Manche Katzen suchen in diesen Momenten die Gesellschaft ihrer menschlichen Gefährten und fühlen sich wohler mit ihnen, andere wollen auch noch einige Tage nach der Geburt nicht gestört werden. Wenn die Kätzin glaubt, die Jungen seien aus irgendeinem Grund in Gefahr, hebt sie sie an der Nackenfalte hoch und transportiert sie an einen anderen Ort.

Wachstum

Unmittelbar nach der Geburt sind die Kätzchen blind, taub und ausgehungert. Sie folgen den einzigen Sinnen, die bereits ausgebildet sind, dem Tast- und Geruchssinn, und suchen sogleich nach den Zitzen der Mutter. Während der ersten paar Tage entfernt sich die Katze nur selten und kurz von ihrem Wurf, daher sollte man dafür sorgen, dass sie Futter, Wasser und die Katzentoilette in ihrer Nähe hat. Die Kätzchen schlafen und trinken in dieser Zeit hauptsächlich, doch schon nach kurzer Zeit zeigen sich erste „kätzische" Verhaltensweisen. Sie fauchen zaghaft, wenn sie berührt werden oder einen unbekannten Geruch wahrnehmen, und schnurren, wenn sie sich an den Körper der Mutter schmiegen.

Die kleinen Kätzchen dürfen vom ersten Lebenstag an aufgehoben und gestreichelt werden, denn so entwickeln sich ihre Sinne und sie werden gleichzeitig an den Menschen gewöhnt. Mit zwei Wochen vollzieht sich ein erster großer Entwicklungsschritt: Die Kätzchen öffnen die Augen, die Ohren richten sich auf und sie entdecken neue Sinneswahrnehmungen.

In den folgenden Wochen widmen sich die Kätzchen ganz der Entdeckung des eigenen Körpers, der Geschwister und der unmittelbaren Umgebung des Nests. Sie lernen sich immer sicherer und schneller zu bewegen und erfahren beim spielerischen Balgen mit den Geschwistern, was man mit den Pfoten und dem kleinen Mäulchen so alles anstellen kann. Sie erfahren die Gesetze der Schwerkraft und, beim Raufen mit den Geschwistern und auch mit der Mutter, das Prinzip von Ursache und Wirkung. Sie lernen, worauf die Artgenossen mit Beißen, Miauen, Flucht oder Fauchen reagieren, und sie entfernen sich vorsichtig schon ein wenig weiter vom Nest.

Sobald sie sich einigermaßen sicher bewegen können, beginnen die Kätzchen sofort, ihre nähere Umgebung gründlich zu untersuchen.

Die Wochen verstreichen, die Kätzchen werden immer aktiver, neugieriger und verspielter, die Motorik entwickelt sich und sie werden immer selbstständiger. Die Mutter verhilft ihnen zu einer besseren Einführung in die unbekannte Welt, indem sie sie mit drei bis vier Wochen in ein anderes Nest bringt, an einen Ort, wo sie mehr Bewegungsfreiheit haben, sich aber trotz allen Forscherdranges nicht zu weit aus dem Kontrollbereich der Mutter entfernen können. Oft wird die „Kinderstube" in der Nähe der im Haus lebenden Menschen sein, manchmal auch gleich im Wohnzimmer. Die Entdeckung der Welt kann für die kleinen Kätzchen mitunter traumatisch verlaufen. Schon hier sieht man, wie verschieden sie ihrem Wesen nach sind.

Die Mutigen fressen ohne zu zögern aus dem Napf und legen sich vertrauensvoll zu einem Nickerchen auf die Kissen im Wohnzimmer, die Scheuen unter ihnen flüchten bei jedem unerwarteten Geräusch gleich unter ein Möbelstück und fauchen und sträuben die Haare, wenn man sie herausholen will. Nach zehn Wochen werden alle Kätzchen vorsichtiger und stehen Neuem nicht mehr so unvoreingenommen gegenüber, daher ist es gerade in dieser Phase sehr wichtig, dass sie zuvor viel Kontakt mit Menschen hatten.

Geschlechtsreife

Männchen und Weibchen erreichen die Geschlechtsreife im Schnitt im sechsten bis achten Lebensmonat, doch die körperliche Entwicklung ist erst einige Monate später abgeschlossen. Mit der Geschlechtsreife werden die physischen Unterschiede zwischen den Geschlechtern deutlich, Kater sind größer als Kätzinnen, haben einen kräftigeren Hals und durch die Wangen und andere dort verteilte Fettpölsterchen auch einen größeren Kopf, die Weibchen sind schlanker und haben einen magereren, dreieckigen Kopf.

Deutlicher als im Aussehen unterscheiden sie sich jedoch im Verhalten. Die Männchen sind territorialer und markieren ihr Revier durch Verspritzen von Urin und Reiben an viel frequentierten Stellen wie Türen und Rahmen von Fenstern, aus denen man eine andere Katze sehen kann. Auf Eindringlinge reagieren sie mit Drohgebärden. Im Gegensatz zu den Weibchen neigen die Männchen mehr zum Streunen und bleiben manchmal auf der Jagd oder auf der Suche nach paarungsbereiten Partnerinnen mehrere Tage dem Haus fern. Ab und zu kommen sie dann zurück und suchen Trost für die im Kampf erlittenen Wunden oder einfach nur Nahrung und ein ruhiges Plätzchen zum Schlafen.

Nach ein paar Monaten werden die unschuldigen Balgereien zwischen den Geschwistern immer mehr zu handfesten Keilereien: Die Männchen stellen unter Beweis, dass sie in der Lage sind, sich mit Gegnern zu messen. Die jungen Kater verlassen die Gruppe zwischen dem 10. und dem 14. Lebensmonat, kastrierte Exemplare ziehen es jedoch vor, bei den Schwestern zu bleiben und sich in die Gruppe einzuordnen.

Das Revier eines ausgewachsenen Katers ist etwa dreimal so groß wie das einer Kätzin. Bei ihm hängt die Reviergröße nicht wie bei der Kätzin davon ab, ob genug Nahrung für sie und den Nachwuchs vorhanden ist, sondern eher, ob mit einer ausreichenden Anzahl an Partnerinnen für die Paarung zu rechnen ist. Das Weibchen ist daher von Natur aus das geeignetere Haustier, es verlässt nicht das Revier der Mutter, wenn es die Geschlechtsreife erreicht hat oder paarungsbereit ist und braucht daher weniger Raum. Dagegen toleriert die Kätzin Ortsveränderungen schlechter als der Kater, auch das Reisen liebt sie nicht. Sie spielt gerne mit Bällen oder Kunststoffmäusen und ist dabei nicht so aggressiv wie das Männchen. Mit eineinhalb Jahren ändern sich die meisten Katzen, sie sind nicht mehr so verspielt und weniger aktiv – allerdings gibt es hier erhebliche individuelle und Rassenunterschiede. Ausgewachsene Kater zeigen sich in der Wohnung oft anschmiegsamer und ruhiger als Kätzinnen, die unabhängiger und vor allem Fremden gegenüber reservierter sind.

Kastration

Normalerweise werden bei den Hauskatzen sowohl Männchen als auch Weibchen kastriert. Dadurch unterbindet man beim Männchen fast immer den Markierungsdrang, besonders wenn die Kastration noch vor der Geschlechtsreife erfolgt. Junge Kater verspüren dadurch nicht mehr den Drang, sich aus dem Revier der Mutter zu entfernen und neigen überhaupt weniger zum Herumstreunen, außerdem zeigen sie sich anderen Männchen gegenüber weniger aggressiv.

Bei den Weibchen liegt der Vorteil vor allem in der Geburtenkontrolle. Eine gesunde Katze kann zwei- bis dreimal pro Jahr werfen und so ein Wurf besteht normalerweise aus nicht weniger als vier Kätzchen, daher ist es besser, dieser unerwünschten „Bevölkerungsexplosion" vorzubeugen. Im Unterschied zu den Männchen nimmt bei den Weibchen die Kastration keinen Einfluss auf das Wesen der Katze, abgesehen davon, dass sie nicht mehr rollig wird. Der Eingriff wird gewöhnlich mit acht Monaten vorgenommen, bei Weibchen ist er etwas komplizierter, denn es müssen die Eierstöcke aus der Bauchhöhle entfernt werden.

Das Leben im Haus

Ein Kätzchen aufnehmen

Wer sich entschließt, eine Katze als Haustier aufzunehmen, denkt dabei meist an ein wenige Wochen altes Katzenbaby, das mit seinen großen Augen, den rundlichen Körperformen und dem verspielten, zutraulichen Wesen den Beschützerinstinkt in uns weckt und unser Herz in wenigen Augenblicken erobert. Das beste Alter, um Katzenbabys von Mutter und Geschwistern zu trennen, liegt zwischen der siebenten und neunten Lebenswoche. Orientalen sollte man noch einige Wochen länger bei der Mutter lassen. Zum Transport des Katzenkindes eignet sich ein geräumiger, weich ausgelegter Behälter, in dem es sicher verwahrt ist und weder erschreckt wird noch sich Verletzungen zuziehen kann. Außerdem sollte man am besten eine Zeit wählen, in der man genügend Freizeit zur Verfügung hat und dem Neuankömmling dabei helfen kann, das neue Zuhause zu erkunden und all die neuen Gegenstände, Gerüche und Personen kennenzulernen.

Kommt eine ausgewachsene Katze ins Haus, so ist der Anlass meist ein besonderer Umstand oder ein Zufall, ein Freund findet keine Möglichkeit mehr, sich um das Tier zu kümmern, oder man liest einen Streuner von der Straße auf. Auch eine ausgewachsene Katze kann sich an eine neue Umgebung und an neue Bezugspersonen gewöhnen, vorausgesetzt, man nimmt sie freundlich auf und sie ist gesellig und an den Kontakt mit Menschen gewöhnt.

Die Anpassung an das neue Heim, auch nach einem Umzug an einen neuen Wohnort, dauert eine gewisse Zeit. Bei Katzenkindern ist es ebenso wie bei ausgewachsenen Tieren ratsam, einige Vorsichtsmaßnahmen zu treffen, bis die erste Eingewöhnung erfolgt ist: Wertvolle Teppiche und zerbrechliche Gegenstände werden aus der Reichweite der Katze entfernt, Blumentöpfe mit Folie abgedeckt. Wohnungstüren und Fenster sollten der Katze für etwa zwei Wochen verschlossen bleiben, diesen Zeitraum benötigt sie im Schnitt, um sich an die neue Wohnung zu gewöhnen. Damit sie nicht hinausschlüpft, sobald man die Tür öffnet, kann man sie mit einem Spielzeug oder einem Leckerbissen in einem vom Eingang weiter entfernten Raum ablenken.

Die Katze erforscht alle Zimmer gründlich, reibt den Kopf an einigen Möbelstücken, um sich mit einem ihr vertrauten Geruch zu umgeben, die zu ihrer Familie gehörigen Personen „markiert" sie ebenfalls auf diese Weise. Wenn sie scheu und misstrauisch ist und sich unter Möbelstücken versteckt, sollte man sie nicht gewaltsam hervorholen und zur Konfrontation mit der neuen Situation zwingen, es ist besser sie zu loben und zu belohnen, wenn sie von sich aus ihr Misstrauen überwindet und unsere Gesellschaft sucht.

Wer sich eine Katze anschafft, sollte nicht vergessen, dass er damit nicht nur die Verpflichtung übernimmt, für ihre Gesundheit und ihr körperliches Wohlbefinden zu sorgen, sondern auch ihr jeden Tag ein wenig Zeit zu widmen.

Katzenkinder sind oft sehr lebhaft. Sie tollen auf Teppichen und Möbeln herum, spielen wilde Jagd mit jedem Gegenstand, der sich bewegt oder bequem mit der Pfote anstupsen und im Maul herumtragen lässt, klettern an Vorhängen und Besucherbeinen hoch, wühlen in der Erde der Blumentöpfe und knabbern an den Zimmerpflanzen.

Dieses Verhalten ist ganz natürlich und geht mit zunehmendem Alter ganz von selbst zurück, die allgemeine Aktivität und auch die Verspieltheit der Katze lassen schnell nach. Um sich und der Katze in dieser Episode Stress zu ersparen, sollte man sie für ihren Überschwang nicht tadeln oder strafen, sondern einfach einige vorübergehende Änderungen der Wohnungseinrichtung vornehmen, zerbrechliche oder wertvolle Gegenstände wegschließen, Lebensmittel in der Küche außerhalb ihrer Reichweite aufbewahren und, besonders wichtig, dem Katzenkind Alternativen anbieten: einen Kratzbaum mit Klettermöglichkeit, ein Kratzbrett etc. Gemeinsames Spielen mit der Katze hält sie beschäftigt und die Schäden in Grenzen.

Eine Katze kann man am besten erziehen, indem man erwünschte Verhaltensweisen mit einem Leckerbissen oder zusätzlichen Streicheleinheiten belohnt, während man sie von unerwünschten Aktivitäten ablenkt und Alternativen anbietet. So kann man ihr einen kleinen Ball hinwerfen, wenn sie versucht, auf die Vorhänge zu klettern und ihr das Kratzen an bestimmten Stellen, wie etwa dem Kratzbaum oder einem Brett gestatten. Wenn ihr der Inhalt der Katzentoilette zusagt, wird sie sie leichter akzeptieren und ihr Bedürfnis nach Scharren dort befriedigen können. Strafen sollten immer aus einer gewissen Distanz erfolgen und der Katze niemals Schmerzen bereiten, sondern sie höchstens erschrecken. Wenn man ihr beispielsweise abgewöhnen will, an einem bestimmten Platz oder mit einem gefährlichen Gegenstand zu spielen, kann man ihr das mit einem Spritzer aus einer Wasserpistole oder einem für sie unangenehmen Geräusch wie einer schnappenden Mausefalle (natürlich verkehrt herum aufgelegt und mit Karton abgedeckt) abgewöhnen.

Mit einem Katzenkind muss man selbstverständlich mehr Zeit verbringen als mit einer ausgewachsenen Katze, doch in wenigen Monaten wächst sie heran, ist nicht mehr so aktiv und benötigt weniger Zuwendung. Häufiges Liebkosen und Spielen mit dem Kätzchen ist besonders wichtig, denn so kann es eine harmonische und zärtliche Beziehung zu den menschlichen Bezugspersonen entwickeln und wird ausgeglichen und selbstsicher.

Eine Katzentür ermöglicht der Samtpfote freien und selbstständigen Zugang zum Garten.

Was die Katze braucht

Eine Katze ist nicht sehr anspruchsvoll. Etwas zum Knabbern, frisches Wasser, ein weiches Kissen, ein Ball zum Spielen und ein paar Streicheleinheiten genügen ihr zum Glücklichsein. Bevor man jedoch so ein niedliches Wollknäuel mit nach Hause nimmt, sollte man einige Vorkehrungen für den Neuankömmling treffen. Die erste und wichtigste Anschaffung ist sicherlich die Katzentoilette. Sie muss groß genug sein und die Wände dürfen nicht zu hoch sein, sodass das kleine Kätzchen sie noch erklimmen kann. Sie sollte wenn möglich dieselbe Art von Katzenstreu enthalten, an die das Kätzchen bereits gewöhnt ist. Im Zweifelsfall kann man die Entscheidung dem kleinen Vierbeiner selbst überlassen und ihm zwei mit unterschiedlichen Materialien befüllte Kistchen anbieten. Manche Katzen akzeptieren geschlossene Modelle

Die Katzentoilette ist die erste und wichtigste Anschaffung für den frisch gebackenen Katzenbesitzer

und ziehen sie sogar vor, andere weigern sich standhaft, solche Katzentoiletten aufzusuchen.

Die Katzentoilette muss regelmäßig gereinigt werden. Nach dem Wechseln der Streu wird sie mit Wasser und Seife ausgewaschen. Außerdem muss sie frei zugänglich sein und immer an derselben Stelle stehen. Der Balkon ist kein idealer Platz, denn im Winter kann die Katze nicht ohne unsere Hilfe hinaus. Beim Benutzen der Katzentoilette sollte die Katze ungestört sein und niemals aufgeschreckt werden, ein ruhiger Ort ist daher vorzuziehen. Wenn es mehrere Katzen im Haus gibt, sollte jede ihre eigene Katzentoilette haben.

Futternäpfe gibt es in verschiedenen Materialien und Größen, besonders verbreitet sind Modelle aus Kunststoff oder Edelstahl. Auch der Napf muss stets sauber gehalten werden und darf nie angerostet sein oder verkrustete Nahrungsreste enthalten, außerdem sollte er keine unangenehmen Gerüche oder gar toxische Stoffe auf den Inhalt übertragen. Der Futternapf soll in einem anderen Raum stehen als die Katzentoilette, außerdem sollte immer frisches Wasser bereitstehen, besonders wenn man Trockenfutter verabreicht.

Die Katze sollte ein Kratzbrett oder einen Kratzbaum haben, an dem sie ihre Krallen schärfen und ihr Revier markieren kann, so beugt man Schäden an Polstersesseln und Möbeln vor. Das Kratzen mit den Vorderpfoten gehört zum natürlichen Territorialverhalten der Feliden, an jeden Artgenossen wird damit sichtbar und riechbar signalisiert, dass er sich in einem fremden Revier befindet. An den Möbeln kann man diese Art der Markierung natürlich nicht tolerieren, daher stellt man den Kratzbaum am besten an einem Ort auf, an dem die Katze ein solches Revierverhalten zeigt. Man kann ihn attraktiver gestalten, indem man ein Spielzeug dort aufhängt. Hat sie ihn einmal anstelle des Möbels akzeptiert, kann man ihn nach und nach von dieser Stelle weg an einen Ort bewegen, wo er die Hausbewohner weniger stört.

Im Haus ist ein Katzenkorb oft eine unnütze Anschaffung, die meisten Katzen suchen sich zum Schlafen ein Brett des Bücherregals, die Armlehne des Sofas oder auch das Bett des Hausherrn aus. Es ist nicht sehr sinnvoll, sie in das Katzenbett zwingen zu wollen, man schafft sich besser einen geeigneten Überwurf für das Sofa oder eine Tagesdecke für das Bett an und lässt ihr die freie Wahl – das Bett ihres menschlichen Gefährten ist für die Katze in der Tat ein besonderer Ort, sie fühlt sich dort wohl und sicher, wenn sie einsam ist oder unter irgendeiner Art von Stress steht.

Man wird mit dem Katzenkörbchen sicherlich mehr Erfolg haben, wenn man es an einen der Lieblingsschlafplätze der Katze stellt und mit einer weichen Decke, einem kleinen Leckerbissen und einem Spielzeug einladender gestaltet. Vor Übersiedlungen oder Reisen kann man das Katzenbett durch einen Transportkäfig mit verschließbarer Tür ersetzen, so kann sich die Katze frühzeitig daran gewöhnen. Je wohler sie sich darin fühlt, umso weniger Probleme und Stress wird der Transport für sie bedeuten.

Spielen ist besonders für Katzenkinder und aktive, sensible und neugierige Katzen wichtig. Sie können ihre überschüssigen Energien auf der Jagd nach springenden Bällen, Gummimäusen, Papierknäueln und bunten Federn abbauen. Am besten eignen sich Gegenstände, die so leicht sind, dass sie schon bei leichter Berührung mit der Pfote davonrollen, weich genug, um im Maul getragen zu werden und natürlich absolut frei von Giftstoffen. Die Fachgeschäfte halten ein großes Angebot bereit, mit ein wenig Fantasie ist es aber nicht schwierig, eine Reihe wunderbarer Katzenspielzeuge zu Hause ohne großen Aufwand oder Kosten herzustellen: ein paar Federn an einer Kordel, eine Papierschleife, die man etwa 30 cm über dem Boden aufhängt, eventuell mit einem darangebundenen Stöckchen, sodass sich in der Luft und auf dem Boden etwas bewegt.

Um die Wohnzimmermöbel vor Schäden zu bewahren, sollte man für eine Wohnungskatze einen Kletterbaum mit mehreren, durch bekletterbare Arme verbundenen Plattformen auf verschiedenen Ebenen anschaffen. Damit er auch angenommen wird, sollte man jeden Tag ein wenig mit der Katze spielen und die Aktivitäten dabei auf diesen Baum konzentrieren, eventuell kann man auch einen kleinen Leckerbissen oder ein Spielzeug dort verstecken.

Wenn die Katze einen Garten zur Verfügung hat, in dem sie sich austoben kann, sollte man für freien Zugang sorgen, indem man eine Katzenklappe in die Tür zum Garten einbaut. So kann sie bequem nach drinnen und nach draußen, ohne dass ihr immer jemand die Tür öffnen muss.

Manche Katzenrassen müssen besonders sorgfältig gepflegt werden. Wenn die Katze an Ausstellungen teilnimmt und auch wenn sie sich regelmäßig im Freien aufhält, muss das Fell natürlich öfter gekämmt und gebürstet werden als bei reinen Wohnungskatzen. Katzen mit halblangem bis langem Haar müssen gewöhnlich wöchentlich bis täglich mit Kamm und Bürste gepflegt werden, damit sie beim Putzen nicht zu viele Haare verschlucken. Zur Zeit des Fellwechsels sind Kamm und Bürste viel benutzte Utensilien, selbst Kurzhaarkatzen können je nach Rasse eine erhebliche Menge an Haaren verlieren. Spezielle Shampoos und Badezusätze sorgen für gründliche, schonende Reinigung. Es ist sehr wichtig, die Katze an die erforderlichen Hygienemaßnahmen zu gewöhnen und nur qualitativ hochwertige, für Katzen geeignete Produkte zu verwenden.

Katzen unter sich

Mit der Domestizierung kam die Katze in den Genuss eines reichlichen Nahrungsangebots und des Schutzes durch die Menschen. Im Gegenzug hat sie teilweise auf ihren Lebensstil als Einzelgängerin verzichtet und sich an das gesellige Leben in Gruppen gewöhnt, die meist aus mehreren Weibchen und deren Jungen bestehen. Doch auch unter diesen Umständen haben die Katzen keine ähnlich komplexe soziale Struktur entwickelt wie die Hunde in ihrem Rudel, in dem jedes Individuum eine starke Bindung zu den anderen Rudelmitgliedern hat und eine straffe hierarchische Ordnung innerhalb der Gruppe herrscht. Zwischen den einer Gruppe oder Kolonie angehörigen Katzen gibt es keine starken Bindungen und keine feste Rangordnung, jeder bleibt im Grunde seines Herzens ein Einzelgänger. Gejagt wird allein, die Gruppe verfolgt auch keine anderen gemeinschaftlich koordinierten Aktivitäten. Das Zusammenleben verläuft deshalb friedlich, weil die Individuen aggressive Interaktion vermeiden, indem sie einen Sicherheitsabstand einhalten: Direkten Konfrontationen geht man einfach aus dem Weg.

Doch man kann sehr wohl beobachten, wie die Katzen einer Kolonie Signale austauschen, die auf Freundschaft, Toleranz, Friedfertigkeit und Unterwerfung hindeuten, sie schlafen eng nebeneinander, reiben sich aneinander, um einen „Gruppengeruch" zu schaffen, lecken sich gegenseitig das Fell, beschnüffeln sich in der Analregion oder geben nach, um Streit zu vermeiden. In Konfliktsituationen zählen das Alter, das Geschlecht, aber auch Charakter und emotionaler Zustand der

Kontrahenten: Vor dem Futternapf sind es die Hungrigsten und die mit dem Menschen Vertrautesten, die sich den ersten Bissen holen, nicht diejenigen mit einem übergeordneten Status.

Bei Wohnungskatzen verläuft das Zusammenleben oft enger und auch konfliktreicher, denn die Tiere haben nicht genügend Raum, um in einer Spannungssituation das Revier des anderen zu verlassen. In dieser Situation bildet sich ein faustrechtartiges System, bei der jeweils eine Katze – die in diesem Moment aggressivere – die Oberhand behält und alle anderen angreift oder verjagt.

Auch in diesem Fall gibt es keinen Ranghöheren oder -niedrigeren, das System ist flexibel und keineswegs mit einer festen Hierarchie zu vergleichen. Wer gerade dominant ist, lässt sich aus den Signalen der Körpersprache erkennen – Verteidigungs- oder Angriffshaltung, Angst, Drohung oder Flucht. Das Zusammenleben mehrerer Katzen in einem Haus – selbst in einem sehr großen – kann also immer wieder einmal problematisch werden, inbesondere, wenn es sich um mehr als zehn handelt. In solch einer Situation sind Konflikte und Streitigkeiten unausweichlich, oft entstehen daraus Verhaltensstörungen, die Katzen werden aggressiv und verteilen ihren Kot überall im Haus.

Wenn die Katze in der Wohnung lebt und nicht ins Freie kann, wenig Abwechslung und Spielmöglichkeiten vorhanden sind und der Besitzer auch noch mehrere Stunden am Tag abwesend ist, können Stress und Langeweile zu noch größeren Problemen führen, dann ist es sicherlich besser, eine zweite Katze anzuschaffen, die dann am besten dasselbe Geschlecht haben sollte. Es hat sich in der Vergangenheit gezeigt, dass es mehr Stress gibt, wenn Männchen und Weibchen zusammenleben. Die Katzen müssen allerdings beide gesellig und wenig aggressiv sein und am besten gleich als Katzenkinder zusammen aufgenommen werden. Wer schon eine Katze hat und sich entschließt, eine weitere aufzunehmen, sollte dem Neuankömmling erst Gelegenheit geben, sich einzugewöhnen und ihn später der bereits ansässigen Hauskatze vorstellen.

Manchmal gestaltet sich das Zusammenleben zweier Katzen in einer Wohnung schwierig. Einige kleine Maßnahmen helfen dabei, Konflikte zu vermeiden.

Die ersten Begegnungen können alles andere als freundschaftlich verlaufen, und es ist darauf zu achten, dass es nicht zu Raufereien kommt. Allerdings ist es sinnlos, die angestammte Katze zu bestrafen, weil sie ihr Revier verteidigt, denn sie folgt nur einem ganz natürlichen Instinkt. Man sollte besser dafür sorgen, dass die Ankunft des „Eindringlings" mit einem für sie angenehmen Ereignis assoziiert wird, wie etwa der Fütterung, dem Lieblingsspiel oder zusätzlichen Streicheleinheiten. Wenn die bereits vorhandene Katze kein geselliger Typ ist und nach der Zeit mit der Mutter und den Geschwistern in den ersten Lebenswochen nicht mehr mit anderen Katzen konfrontiert war, wenn sie sehr territorial, besonders sensibel und aggressiv oder auch extrem scheu ist, dann ist es kaum möglich, eine zweite Katze aufzunehmen, ohne dabei Stressreaktionen wie Unsauberkeit oder Aggressivität auszulösen. In manchen Fällen wird der Neuankömmling nach einiger Zeit toleriert, aber nie akzeptiert und manchmal ganz offen

„gehasst". Wer mehrere Katzen besitzt, tut gut daran, bestimmte Konflikte von vornherein zu vermeiden, indem er jeder Katze eine eigene Katzentoilette und einen eigenen Futternapf zuweist und dafür sorgt, dass jede einen Platz hat, an den sie sich in Konfliktsituationen zurückziehen kann.

Verhaltensstörungen

Katzen sind normalerweise pflegeleichte, problemlose und sehr saubere Tiere, die man gut einige Stunden allein lasssen kann, und man muss mit ihnen nicht wie mit einem Hund spazierengehen. Außerdem sind sie zutraulich und freundlich, wir schätzen ihre Gesellschaft wegen ihrer ausgeprägten Persönlichkeit ebenso wie wegen ihres ansprechenden Äußeren.

Manchmal jedoch wird die Freude des Katzenbesitzers durch so manches kleinere oder größere Problem beim Zusammenleben getrübt. Es gibt mehrere Arten von Verhaltensstörungen, die auch krankheits- oder medikamentenbedingt sein können. Das Wichtigste im Falle eines entsprechenden Verdachts ist es daher, den physischen Gesundheitszustand der Katze beim Tierarzt abzuklären. Die meisten Probleme entstehen gar nicht durch echte Störungen, sondern durch ein an sich ganz natürliches Verhalten der Katze, das nur dann zur Plage wird, wenn das Tier nicht nach draußen kann, wie etwa Markieren des Reviers mit Urin und Kratzspuren, Fressen von Zimmerpflanzen oder Aggressivität bei der Revierverteidigung oder im Spiel. Wenn die Katze ständig unter Stress steht, können allerdings auch ernstere Probleme auftreten. Das kann sich durch zwanghaftes Verhalten äußern, wie etwa wenn sie sich das Fell leckt, bis die Stelle kahl und die Haut wund ist, Anorexie oder auch schlechte Angewohnheiten wie das Saugen an Textilien, besonders Wolle. In diesen Fällen ist es wichtig, sich mit dem Verhalten der Katze auseinanderzusetzen, die Gründe zu ermitteln und ihre Bedürfnisse zu erkennen.

Die Katze ist kein soziales Tier im engeren Sinne wie der Hund und darum nicht in der Lage, eine hierarchische Autorität anzuerkennen. Wenn sie angeschrien wird, assoziiert sie bestenfalls ihr eigenes Verhalten mit einem negativen Ereignis, doch meistens wird die Strafe nichts weiter bewirken, als dass die Katze ihrem Besitzer misstraut, Angst hat und unter Stress steht. Sie steht dann bewegungslos da „wie angewurzelt", flieht oder geht zum Angriff über.

Katzen sind territoriale Einzelgänger und werden als solche Veränderungen jeder Art immer eher negativ gegenüberstehen, obwohl auch hier vieles von den bisherigen Erfahrungen und dem individuellen Charakter abhängt. Außerdem sind sie nicht oder nur eingeschränkt in der Lage, Regeln zu lernen, obwohl sie eine ursächliche Beziehung zwischen einem Ereignis, ihrem Verhalten und dessen Folgen herstellen können. Es ist sinnlos, einer Katze beibringen zu wollen, dass sie nicht an Lebensmittel geht, nicht aus der Tür zu schlüpfen versucht oder nicht auf das Bett springt. Es ist besser, entsprechende Vorsichtsmaßnahmen zu treffen.

Manche der unerwünschten Verhaltensweisen kann man leicht eindämmen, dabei hilft auch oft der Tierarzt: Kastration führt bei Katern meist ganz zum Verschwinden des Wanderdrangs, sie hören mit dem Markieren auf und suchen nicht mehr ständig Streit mit den Katzen der Nachbarschaft, bei den Weibchen vermeidet man Probleme durch unerwünschten Nachwuchs. In manchen anderen Fällen ist es schwieriger, eine Lösung zu finden oder die Ursache zu ergründen. In jedem Fall kann man sich mit dem Tierarzt beraten, er verfügt über umfassende Informationen und wird, wenn nötig, eine geeignete Therapie vorschlagen. Im Folgenden werden einige der häufigsten Probleme aufgezählt.

Aggressivität

Die Aggressivität bei der Katze kann gegen Artgenossen oder gegen Menschen gerichtet sein. Sie kann auf verschiedene Art ausgelöst werden, etwa durch ein allzu aufregendes Jagdspiel, Angst, Revierverhalten, erzwungenen Körperkontakt oder als angelernte Reaktion, wenn die Katze schlechte Erfahrungen mit Hunden, Kindern oder anderen Katzen gemacht hat. Bei jungen Katzen kann man die meist spielerische Aggressivität gegenüber

Aggressivität bei Katzen kann verschiedene Ursachen haben, Angst, Verteidigung oder Stress sind die häufigsten.

Menschen leicht eindämmen, indem man ihnen andere Spielsachen zum Ausleben ihres Bewegungsdranges anbietet oder zu heftige Angriffe mit einer Wasserpistole abwehrt. Bei territorialer Aggressivität kann man versuchen, die Katze neu zu konditionieren, indem man ihr Futter, Liebkosungen und Spielzeuge verstärkt in Gegenwart von Fremden anbietet. Wird die Katze aggressiv, wenn sie Körperkontakt hat, und beißt in die Hand, die sie streichelt, dann kann das eine Stressreaktion oder, wie einige Experten annehmen, auch Dominanzverhalten sein. Sowohl im einen als auch im anderen Fall sollte man daher auf zu häufigen Körperkontakt verzichten, um die aggressive Reaktion nicht herauszufordern und die Katze daran gewöhnen, dass der Mensch sie nur streichelt, wenn er möchte und nicht immer, wenn sie es verlangt. Um den eigenen Status zu verbessern und sich etwas Autorität zu verschaffen, kann man der Katze mit einer kleinen Belohnung beibringen, auf Rufen herbeizulaufen und sich hinzusetzen. Außerdem sollte man vermeiden, ihrem Wunsch nach Beachtung immer sofort nachzugeben.

Zerstörungswut

Normalerweise sind Katzen sehr gut für das Zusammenleben mit einer Familie in einer Wohnung geeignet. Sie können mühelos zwischen Porzellan und Gläsern herumspazieren, ohne etwas zu zerbrechen. Junge Katzen sind allerdings sehr aktiv und wenn man sie mehrere Stunden allein lässt, können sie mit ihrem ungebremsten Bewegungsdrang Schäden an der Einrichtung anrichten. Kätzchen haben einen ausgeprägten Spieltrieb, daher ist es gut, wenn die Familienmitglieder sich an diesen Spielen beteiligen und die Aktivitäten auf die für die Katze bestimmten Spielsachen und Einrichtungsgegenstände konzentrieren.

Auch ausgewachsene Katzen können zerstörerisches Verhalten an den Tag legen, dann liegt das gewöhnlich an einem Stresszustand. Wenn eine Katze sich zu sehr an eine bestimmte Person in der Familie gebunden fühlt, kann sie leicht Trennungsangst empfinden und sich verlassen fühlen, sobald diese abwesend ist. Um das zu umgehen, sollten möglichst alle Hausbewohner sich immer wieder mit der Katze beschäftigen, sie füttern, bürsten, streicheln und mit ihr spielen. Damit sie sich wohl und nicht vernachlässigt fühlt, kann es ratsam sein, ihr nicht den Zugang zu bestimmten Räumen wie etwa Schlafzimmer oder Küche zu verweigern, sondern lieber die Lebensmittel sorgsam wegzuschließen und das Bett mit einer Tagesdecke zu schützen.

Katzen mögen keine Veränderungen und fühlen sich sicherer in einer Umgebung mit vertrauten Gerüchen. Ein neues Reinigungsmittel, ein unbekanntes Möbelstück, fremde Besucher oder die Geburt eines Kindes, auch das Verschließen einer Tür, die bisher für die Katze offenstand, sind mögliche Ursachen von Angstzuständen und Stress.

Unsauberkeit

Wenn Katzen sich plötzlich weigern, die Katzentoilette zu benutzen, dann ist das entweder auf Territorialverhalten oder auf Stress zurückzuführen, möglicherweise auch beides. Die Katze benutzt den Geruch der eigenen Exkremente, um das vertraute Gefühl des eigenen Reviers wiederzufinden oder ihre Vorherrschaft in diesem Bereich zu signalisieren. Um der Katze zu helfen, ihre Angst und Unsicherheit in einer neuen Umgebung zu überwinden, kann man Möbelstücke mit einem in Tierfachgeschäften erhältlichen Produkt behandeln, dessen Geruch dem Sekret der Talgdrüsen der Katzen am Kopf gleicht. So ist sie von einem vertrauten Duft umgeben und fühlt sich sicher. Besonders wichtig ist es, der Ursache für das gestörte Wohlbefinden der Katze auf den Grund zu gehen, sie wenn möglich zu beheben oder die Veränderung für das Tier weniger traumatisch zu gestalten. Die Katze verweigert das Benutzen der Katzentoilette auch oft, wenn diese an einen anderen Ort gestellt wird, wenn sie nicht regelmäßig gereinigt oder die Streu nicht oft genug gewechselt wird, oder wenn man ein parfümiertes Reinigungsmittel verwendet hat, um sie zu waschen. In diesem Fall muss man die Katze neu zu dieser Gewohnheit erziehen, indem man ihr keine Alternativen, wie zum Beispiel Teppiche, lässt und die eigenen Vorstellungen vom Standort der Katzentoilette an die der Katze anpasst.

Fressen von Zimmerpflanzen

Katzen brauchen Pflanzenfasern, denn diese helfen ihnen, unerwünschten Mageninhalt wie verschluckte Haarknäuel oder Reizstoffe hervorzuwürgen und steigern den Ballaststoffgehalt der Nahrung. Wenn es dabei um Zimmerpflanzen geht, kann diese Vorliebe jedoch nicht nur für diese schädlich sein, sondern auch für die Katze selbst, denn viele Zierpflanzenspezies sind für Tiere ganz oder teilweise giftig. Zu den häufigsten giftigen Zierpflanzen zählen Efeu, Dieffenbachie, Weihnachtsstern, Oleander, Rhododendron und Mistel. Man kann Topfpflanzen schützen, indem man sie unten mit einem Streifen Plastik- oder Alufolie umwickelt oder auch eine umgedrehte Mausefalle unter einem Blatt Papier in den Topf legt. Wenn die Katze sie berührt, raschelt die Folie oder die Mausefalle schnappt zu. Das unangenehme Geräusch wird sie in Zukunft davon abhalten, an die Pflanzen zu gehen. Wenn man sie ertappt, kann man sie mit einem Spritzer Wasser aus einer Sprühflasche oder Wasserpistole leicht beeindrucken. Natürlich ist es sehr wichtig, ihr auch eine Alternative in Form des ungiftigen Katzengrases anzubieten, das in Fachgeschäften oder Supermärkten erhältlich ist.

An Textilien saugen

Diese nicht gefährliche, aber lästige Verhaltensstörung tritt häufig bei Kätzchen auf, die zu früh (vor der siebten Lebenswoche) von der Mutter getrennt wurden. Bei einigen orientalischen Rassen wie Siam und Burma ist sie besonders verbreitet. Diese Katzen entwickeln sich langsam und brauchen länger für die Entwöhnung von der Mutter. Man sollte in solch einem Fall alle dafür geeigneten Stoffe aus der Reichweite des Kätzchens entfernen und es ablenken, wann immer es mit diesem Verhalten beginnt. Man sollte ihm viel Zeit widmen und mit ihm spielen, gleichzeitig aber darauf achten, übermäßige Anhänglichkeit nicht zu fördern und nicht immer nachgeben, wenn es versucht, im Mittelpunkt der Aufmerksamkeit zu stehen. Bei den meisten Katzen klingt diese schlechte Angewohnheit mit der Zeit ab und verschwindet innerhalb des ersten Lebensjahres ganz.

Katzenausstellungen

Wenn man für das geliebte Haustier eine Karriere als Ausstellungskatze ins Auge fasst, muss das Tier natürlich den Grundanforderungen der ausgewählten Rasse entsprechen. Kein Züchter ist in der Lage, mit Sicherheit zu sagen, wie sich ein Katzenkind in Zukunft genau entwickeln wird, dennoch ist es möglich, aus einem Wurf vielversprechende Exemplare herauszufinden. Die Qualität der Eltern spielt dabei eine maßgebliche Rolle, Erfolge von Katzen aus vorhergehenden Würfen sind gute Indikatoren, aber natürlich auch die Merkmale des Kätzchens selbst. Man benötigt umfassende Informationen über die Rasse, den Standard, die bisher auf Ausstellungen gezeigten Exemplare, die verschiedenen Blutlinien und die Züchter selbst. Je besser die Information, umso besser stehen die Chancen, ein Erfolg versprechendes Exemplar zu erwerben. Der Preis für solche Katzen kann in ausgewachsenem Alter sehr hoch sein, speziell, wenn das Tier bereits verschiedene Preise gewonnen hat; auch ein solches Kätzchen kostet mehr als eines, das einfach nur Haustier sein soll.

Damit sie an Ausstellungen teilnehmen kann, muss es sich die Katze widerstandslos gefallen lassen, hochgehoben, herumgetragen und immer wieder gebadet, gekämmt und gebürstet zu werden.

Fleisch ist Hauptbestandteil des Speiseplans der Katze; Gemüse, Getreide und Brot ergänzen die Ernährung.

Dass die Katze dem Aussehen nach dem Standard entspricht, genügt allerdings noch nicht, damit sie zur Beurteilung vorgeführt werden kann. Sie muss vom zartesten Alter an daran gewöhnt worden sein, immer wieder gekämmt, hochgehoben und berührt zu werden, muss das chaotische, laute Ambiente der Katzenschau ohne größere Stressreaktionen tolerieren, in gutem Allgemeinzustand sein und außerdem die vorgeschriebenen Papiere besitzen. Alle Rassekatzen werden in Zuchtbücher eingeschrieben. Dort sind sämtliche Daten vermerkt: Geburtsdatum, Registriernummer, Züchter, Besitzer und die Abstammung mit den jeweiligen Titeln. Dieser Pedigree dokumentiert dann die Zugehörigkeit zu einer Rasse, nicht die Qualität des Individuums, diese wird erst auf den Ausstellungen beurteilt. Der Zweck dieser Ausstellungen ist es, die Qualität der Zuchtergebnisse zu bestimmen und eine Richtlinie für den Züchter zu schaffen. Doch man muss nicht unbedingt eine teure Edelkatze besitzen, um an einer Katzenausstellung teilnehmen zu können. Es gibt eine eigene Klasse für Hauskatzen, auch kastrierte Katzen sind zugelassen. Die Katze wird nach Rassezugehörigkeit in einen Katalog eingetragen, Alter, Geschlecht, Farbe und Rang im Wettbewerb werden ebenfalls vermerkt. In jeder Klasse gibt es einen Sieger (Best), innerhalb jeder Rasse findet eine Ausscheidung statt. Meist endet die Katzenschau mit der Prämierung des Gesamtsiegers (Best in Show), jener Katze, die die beste Beurteilung von allen erhalten hat.

Ernährung

Katzen sind exzellente Jäger, die trotz des bereits jahrtausendelangen Zusammenlebens mit den Menschen immer noch in der Lage sind, sich ihre Nahrung selbstständig zu beschaffen. Wenn sie die Möglichkeit dazu haben, fangen sie kleine Nager, Vögel, Reptilien und auch Insekten, doch oft spielen sie mit der Beute nur und fressen sie nicht. Die Überlebensstrategie der Hauskatze ist dieselbe wie bei allen Raubtieren: Wenn die Jagd erfolgreich war, wird gefressen, wenn nicht, dann fastet man eben.

Wie alle Tiere hat auch die Katze etwas von einem Opportunisten: Sie hat gelernt, von den Nahrungsresten der Menschen zu profitieren, sie sucht sich die Leckerbissen aus den Mülltonnen heraus und streicht um die Lieferanteneingänge der Restaurants herum. In der Stadt haben herrenlose Katzen auch gar keine andere Wahl. Die Tauben sind meist zu schnell, und mit den Ratten können sie es auch nicht immer aufnehmen. So sind sie ganz auf das angewiesen, was von der Tafel der Menschen für sie abfällt. Unter allen Raubtieren haben die Feliden den fleischreichsten Speiseplan und auch bei Hauskatzen stellt Fleisch das wichtigste Grundnahrungsmittel dar. Natürlich kann man unter das klein geschnittene, kurz gegarte Fleisch Getreide oder trockenes Brot mischen. Karotten, Zucchini und andere gekochte Gemüse sind ebenfalls eine vitaminreiche Ergänzung und regen die Verdauung an. Hülsenfrüchte, Kartoffeln oder Milch sind weniger bekömmlich für Katzen. Wenn man für eine Katzenmutter mit besonders zahlreichem Wurf zu sorgen hat und die Muttermilch nicht für alle reicht, sollte man statt zu Kuhmilch zu einem speziellen, vitamin- und mineralstoffreichen Eiweißpräparat aus dem Fachhandel greifen. Fische stehen eigentlich nur deshalb auf dem Speiseplan der Katze, weil sie die Menschen auf ihren Schiffen begleitet hat. Dort wurde sie als Mäusejäger sehr geschätzt, erreichte im Laufe der Zeit alle Häfen der Welt und wurde dort heimisch. Fisch ist reich an Vitaminen der Gruppe B. Der Hauskatze bietet man am besten gekochten Fisch ohne Kopf, Gräten und Eingeweide an, im Fischdarm ist eine Komponente enthalten, die das Vitamin B1 zerstört.

Andere Nahrungsmittel, die nicht auf den Speiseplan einer Hauskatze gehören, sind rohes Schweinefleisch, verdorbener Fisch, rohes Eiweiß, spitze oder splitternde Knochen, Küchenabfälle und Hundefutter. Die Nahrung sollte einen hohen Eiweißgehalt haben (etwa 40 Prozent) und so appetitlich und abwechslungsreich wie möglich sein. Das Futter soll immer bei Zimmertemperatur angeboten werden, weder frisch aus dem Kochtopf noch aus dem Kühlschrank.

Eine gute und Zeit sparende Alternative zu selbst hergestelltem Katzenfutter ist Fertignahrung, die in Dosen oder als Trockenfutter in zahlreichen Varianten erhältlich ist. Wenn man Abwechslung in den Ernährungsplan der Katze bringen möchte, sollte man das neue Futter in kleinen Mengen vermischt mit dem gewohnten anbieten, wenn man einfach austauscht, könnte die Katze es verweigern. Katzen ziehen es vor, mehrere kleine Mahlzeiten über Tag und Nacht verteilt zu sich zu nehmen und wollen nicht gern viel auf einmal fressen. Allerdings ist es nicht möglich, den gefüllten Futternapf zur freien Verfügung stehen zu lassen, wenn es sich um saftiges, leicht verderbliches Futter handelt oder der Napf im Freien steht, wo sich bald Insektenschwärme darauf niederlassen.

Verweigern der Nahrung

Normalerweise ist das Verweigern der Nahrung ein Anzeichen für Krankheit, kann aber auch bei gesunden Katzen vorkommen. Die Ursache für mangelndes Interesse am Futter kann die Tatsache sein, dass die Katze sich in den ersten Lebensmonaten an eine gewisse Art von Nahrung gewöhnt hat. Vielleicht hat sie einseitige Vorlieben entwickelt, als sie von der Mutter lernte, was feste Nahrung ist.

Eine zu einseitige Ernährung in dieser Zeit kann zur Folge haben, dass die Katze später andere Nahrungsmittel nicht mehr annehmen will. Manchmal will sie auch nicht fressen, weil der Futternapf in der Nähe der Katzentoilette oder an einem zu turbulenten und lauten Ort steht, wo sie sich nicht wohlfühlt. Die Anwesenheit einer aggressiven Katze, die sie bedroht, wenn sie sich nähert, kann ebenfalls der Grund sein. Eine negative Erfahrung wie eine allergische Reaktion, Übelkeit oder Erbrechen können eine Abneigung gegen ein bestimmtes Nahrungsmittel hervorrufen.

Fettsucht

Bei Haustieren steigen die Fälle von Übergewicht ebenso wie bei den Menschen an. Zu wenig Bewegung, zu reichliche Mahlzeiten und die vielen kleinen Häppchen zwischendurch als Belohnung oder Liebesbeweis können bei der Hauskatze das Gleichgewicht zwischen Kalorienbedarf und -zufuhr stören.

Trotz ihres „blühenden“ Aussehens und der angenehm behäbigen Ausstrahlung fühlt sich die übergewichtige Katze nicht wohl in ihrer Haut. Korpulenz lässt sich nicht mit dem Leben eines agilen, aktiven Jägers vereinbaren. Abhilfe zu schaffen ist nicht schwer, man reduziert einfach das Kalorienangebot und verabreicht kalorienreduzierte Futtermittel in Absprache mit dem Tierarzt. Manche Rassen sind besonders gefräßig, wie etwa die Orientalen, gerade bei ihnen ist es äußerst wichtig, auf die richtige Futtermenge zu achten. Bei Langhaarkatzen kann das dichte Fell eine plötzliche Gewichtszunahme verbergen, daher ist es ratsam, die Katze immer wieder abzutasten, um festzustellen, ob sie vernünftig proportioniert ist. Auch am Zustand des Fells kann man sehen, ob die Ernährung ausgewogen ist. Verliert es seinen Glanz und fühlt sich nicht mehr weich und geschmeidig an wie bei der gesunden Katze oder wird es dünn und verströmt einen Geruch, so kann das ein Hinweis auf Ernährungsfehler sein.

Gesundheit

Die verschiedenen Katzenkrankheiten sind im Allgemeinen gut bekannt und weitgehend heilbar. Gegen die häufigsten und gefährlichsten kann man durch regelmäßige Schutzimpfungen vorbeugen. Dazu gehören Panleukopenie oder Katzenseuche, virale Rhinotracheitis (Katzenschnupfen) sowie Calicivirose und Chlamydiose. In den letzten Jahren konnten sich einige schwere, manchmal tödliche Krankheiten verbreiten wie Tumoren, FIP (Feline infektiöse Peritonitis-Pleuritis) und die sogenannte Katzenleukose, die wie AIDS beim Menschen das Immunsystem lahmlegt, die Erreger sind das FIV *(Feline Immunodeficiency Virus)* und das FeL-Virus. Diese Krankheiten sind nicht auf den Menschen übertragbar. Wer eine Katze aufnimmt, sei es nun ein Kätzchen oder ein erwachsenes Tier, sollte möglichst bald einen Besuch beim Tierarzt einplanen, um den Gesundheitszustand des Tieres abzuklären und die nötigen Impfungen vornehmen zu lassen. Außerdem hilft der Tierarzt auch mit Ratschlägen für die Ernährung der Katze und das Zusammenleben mit ihr.

Haut- und Darmparasiten

Beim Tierarzt wird zunächst geklärt, ob die Katze von Parasiten befallen ist. Diese können auf der Haut sitzen, wie Zecken oder Flöhe. Auf Flöhe weisen deren Exkremente hin, kleine schwarze Punkte im Fell, die sich an Stellen häufen, die die Katze beim Putzen nicht so gut erreicht. Der Biss der Flöhe kann eine allergische Dermatitis hervorrufen, dadurch leidet die Katze an Juckreiz und verliert Haare. Zecken findet man ebenfalls leicht, sie saugen sich mit dem Blut ihres Wirtes voll und fallen beim Streicheln als Knoten im Fell auf. Flöhe und Zecken können mit den entsprechenden, im Handel erhältlichen Halsbändern abgewehrt werden. Haut und Fell können aber auch von weniger harmlosen Parasiten befallen sein wie Milben oder Hautpilzerkrankungen, beides ist heilbar. Hautparasiten können sich auch in den Ohren niederlassen. Bei Milbenbefall im Ohr leidet die Katze an starkem Juckreiz und das Ohrensekret wird dunkel-schwärzlich. Anschließend wird eine Stuhlprobe auf Darmparasiten untersucht. Sind Spulwürmer, Bandwürmer oder Kokzidien vorhanden, behandelt man das Tier mit den entsprechenden Medikamenten. Eine periodische Wurmkur ist bei Katzen, die sich viel im Freien aufhalten, anzuraten, auch Hautparasiten treten bei diesen Tieren öfter auf als bei Wohnungskatzen. Letztere sind weniger bis nie mit Infektionsherden konfrontiert und auch besser zu kontrollieren.

Toxoplasmose

Sie ist eine der bekanntesten Katzenkrankheiten, die auch auf den Menschen übertragen werden kann. Die Ansteckung erfolgt durch Schmierinfektion bei Kontakt mit den Exkrementen oder auch durch Essen von ungewaschenem Gemüse oder rohem Fleisch. Normalerweise verläuft die Krankheit beim Menschen nicht schwer, bei schwangeren Frauen kann sie jedoch gravierende Folgen haben. Wer eine Katze hat und einen Kinderwunsch hegt, sollte sein Blut nach Antikörpern untersuchen lassen. Sind sie vorhanden, besteht keine Gefahr. Im gegenteiligen Fall ist es sehr wichtig, bei allen Handgriffen strikt auf Hygiene zu achten, die Katze nicht mit den für die Menschen bestimmten Lebensmitteln in Kontakt kommen zu lassen und das Reinigen der Katzentoilette jemand anderem zu überlassen.

Tollwut

Diese Infektionskrankheit ist im Rückgang begriffen und kommt bei in der Wohnung gehaltenen Katzen überhaupt nicht vor. Für die Hauskatze hat diese Krankheit nur eine Bedeutung, wenn sie bei der Einreise in manche Länder erst durch die Quarantäne muss. Großbritannien zum Beispiel verlangt besondere Vorkehrungen. Die vom britischen *Ministry of Agriculture and Food* ratifizierte Direktive „Balai“ besagt, dass ein Tier, das aus einer anerkannten Zucht stammt und Gegenstand einer geschäftlichen Transaktion ist, vor der Abfahrt in vertrautem Umfeld in Quarantäne gehalten werden kann und nicht erst bei der Ankunft in Großbritannien. Das Tier muss sich während der Quarantäne bestimmten Vorsorgemaßnahmen unterziehen und bekommt einen Mikrochip unter die Haut implantiert, auf dem alle Daten gespeichert sind.

Prävention

Es gibt bestimmte Krankheiten, die bei gewissen Rassen gehäuft auftreten. Man sollte sich daher immer beim Züchter vergewissern, dass das Kätzchen gesund ist, dass es die Schutzimpfungen erhalten hat und die Eltern frei von diesen Krankheiten sind. Für einen guten physischen und psychischen Zustand der Katze zu sorgen, ist nicht schwer, man sollte nur die periodischen Kontrolluntersuchungen beim Tierarzt einhalten und die notwendigen Impfungen vornehmen lassen. Außerdem benötigt die Katze ausgewogene Ernährung, Pflege und die entsprechenden hygienischen Bedingungen sowie etwas Raum für Bewegung und Spiel.

Der Zeitaufwand für diese Maßnahmen – ein bisschen Zuwendung und das nötige Maß an Streicheleinheiten eingeschlossen – ist im Vergleich zu anderen Haustieren gering.

Die Katze ist ein Gewohnheitstier, und falls sie im Haus lebt, wird man bald feststellen, wenn ihr etwas fehlt. Ihr Verhalten ändert sich, sie wird apathisch oder nervös, verliert den Appetit, hat übermäßigen Durst, wird unsauber, die Augen tränen, die Nase sondert Schleim ab, das Fell verliert den Glanz, die Katze nimmt an Gewicht ab usw. Erbrechen muss nicht unbedingt ein Anzeichen für Krankheit sein. Die Katzen führen es oft selbst herbei, um sich von den beim Putzen verschluckten Haaren oder anderen Reizstoffen zu befreien. Wenn es allerdings häufig auftritt oder von anderen Symptomen begleitet ist, sollte man den Tierarzt aufsuchen. Rechtzeitiges Erkennen einer Krankheit ist immer wichtig, egal worum es sich dabei handelt.

Maine Coon Brown Tabby mit Weiß

Wie man den Nachschlageteil benutzt

In diesem Buch werden die Edelkatzen nach einer Klassifizierung eingeteilt, die auch verschiedene nationale und internationale Verbände anwenden: Rassen mit langem, halblangem und kurzem Haar. Diese weltweit anerkannten Kategorien stammen aus den Anfangszeiten der Katzenausstellungen, als der Körperbau noch weniger differenziert war als heute und die Haarlänge neben der Farbe des Fells das deutlichste Unterscheidungsmerkmal darstellte. Diese Tradition erlaubt es jedoch nicht, die in den letzten Jahrzehnten selektierten Rassen in homogene Gruppen zusammenzufassen. So gehören zum Beispiel Perser und Exotic zwei verschiedenen Kategorien an, obwohl sie nach einem weitgehend gleichen Standard beurteilt werden, ebenso wie Siam und Balinese. Doch die im Steckbrief angeführten Daten über Typ und Varietäten erlauben dem Leser, verwandte Rassen einem gemeinsamen Ursprung zuzuordnen und die Unterscheidungsmerkmale genau zu identifizieren.

Die Beschreibung der Charakteristika und zulässigen Farben der verschiedenen Katzenrassen vermittelt nicht nur umfassendes Fachwissen, die Abschnitte über Temperament, Charakter und erforderliche Pflege stellen für den interessierten Katzenfreund auch eine wertvolle Hilfe bei der Auswahl der für ihn geeigneten Katze dar.

Steckbrief

Am Beginn jeder Rassenbeschreibung befindet sich seitlich eine Steckbriefleiste. Unter „Typ" wird das allgemeine Erscheinungsbild nach den Typen Cobby, Semi-Foreign oder Orientalisch angegeben. Unter dem Stichwort „Ursprungsgebiet" ist das Land angeführt, in dem sich die Rasse entwickelt hat, und unter „Ursprungszeit" das bekannte oder angenommene Ursprungsdatum. Unter „Nationalität" findet man das Land, das sozusagen den Urheberanspruch innehat, weil dort die Charakteristika der Rasse selektiert, fixiert und in den Zuchtbüchern festgehalten wurden. Die erstmalige offizielle Anerkennung wird mit einer Jahreszahl oder einem genaueren Datum angegeben. Unter dem Stichwort „Varietäten" werden verwandte Rassen aufgezählt. Unter „Temperament" findet man die hervorstechenden Verhaltensmerkmale der betreffenden Rasse und am Ende des Steckbriefs die dunkel hinterlegte internationale Klassifizierung.

Themenbereiche

Der Text jedes Kapitels ist übersichtlich in kurze Abschnitte gegliedert, so sind die jeweiligen Informationen zu jedem Themenbereich schnell zu finden.

Legenden und Geschichten

Der geheimnisvolle Zauber und die magische Faszination, die für viele Generationen von Menschen von diesem kleinen Felinen ausgehen, schlugen sich im Laufe der Zeit in unzähligen Geschichten und Legenden nieder, die von Generation zu Generation weitergegeben und von Katzenliebhabern eifrig gesammelt werden. Jede dieser Geschichten ist ein weiteres Kapitel im Tagebuch der geliebten Hauskatze. Diese Erzählungen sollen keineswegs wissenschaftliche Erkenntnisse um den kleinen Vierbeiner in Frage stellen, sondern dem Leser bisher unbekannte Facetten des geheimnisvollen Wesens verständlicher machen und ihn zum Staunen und Schmunzeln bringen. Kosaken, die auf großen blauen Katzen reiten, die heiligen Tempelkatzen des Orients, die großen geflügelten Katzen der Hexen und Dämonen erzählen in eindrucksstarken Bildern von Traditionen und Kulturen alter Zeiten.

Alte Geschichte

Alle modernen Katzenrassen wurden ab dem 19. Jahrhundert selektiert. Doch einige Rassen waren nachgewiesenermaßen schon viel früher bekannt. Heute kann man ihren Spuren bis weit in die Vergangenheit folgen. Nur bei wenigen Rassen besteht jedoch ein zweifelsfrei nachgewiesener Zusammenhang zwischen den in alten Texten, Zeichnungen, Malereien und Skulpturen vergangener Epochen dargestellten Tieren und den Edelkatzen, die heute auf den Laufstegen der Katzenschauen defilieren und auf weichen Kissen in gediegen möblierten Wohnzimmern ihr Schläfchen halten. In vielen Fällen ist die Verbindung zwischen der modernen Rasse und den Vorfahren aus alten Zeiten wenig bis gar nicht dokumentiert. Dennoch ist es für jeden Katzenfreund ein hochinteressantes Lesevergnügen, dem realen oder auch ein wenig romantisierten Verlauf der gemeinsamen Geschichte von Katze und Mensch nachzuspüren.

Moderne Geschichte

Viel präziser und besser dokumentiert gestaltete sich die Geschichte der Katzenrassen ab dem 19. Jahrhundert, als erste Verbände mit der Registrierung der Rassen begannen und ihre Eigenschaften in den sogenannten Standards festhielten. Mit wachsender Verbreitung wurde die Entwicklung der Katzenrassen immer deutlicher nachvollziehbar. Bei neueren Rassen konnte man oft nicht nur das Jahr, sondern auch Monat und Tag ihres Entstehens präzise angeben. Die Geschichte dieser Katzen war immer auch die Geschichte der Menschen – sehr oft waren es Frauen –, die ihr Leben der Züchtung und Selektion bis hin zur Anerkennung und Verbreitung einer neuen Rasse gewidmet haben. In Abwandlung eines berühmten Satzes könnte man sagen, hinter jeder großen Katze steht immer (oder zumindest fast immer) eine Frau …

Der Standard

Der Standard einer Rasse ist eine Auflistung ihrer charakteristischen Merkmale: allgemeines Erscheinungsbild, Körperbau, Fell, zulässige Farben.

Der Standard listet auch Merkmale auf, die als Fehler gelten oder ein Individuum von der Rasse ausschließen. Ein typischer Vertreter einer Rasse weist alle erwünschten Merkmale auf, die Fehler sind nicht so gravierend, dass sie als Ausschlussgrund gelten. Die Nachkommen zweier typischer Rassekatzen werden mit höchster Wahrscheinlichkeit ebenfalls dem Standard entsprechen, dennoch werden nur wenige davon perfekt genug sein, um eine Karriere als Showkatze anstreben zu können.

Temperament

Das Temperament einer Katze ist sehr wichtig für das Zusammenleben mit dem Menschen. Doch erst in den letzten Jahren wurde diesem Merkmal so viel Bedeutung beigemessen, dass es als Charakteristikum einer Rasse in den Standard aufgenommen wurde.

Natürlich kann das Verhalten der Katzen innerhalb einer Rasse, ja sogar bei Kätzchen ein und desselben Wurfes erheblich variieren, dennoch gibt es einige gemeinsame Grundcharakterzüge, die ein mehr oder weniger rassentypisches Wesen ausmachen. Solche Informationen liefern die Züchter und Katzenliebhaber. Im dementsprechenden Abschnitt erfährt der Leser die wichtigsten Aspekte im Hinblick auf Temperament, Charakter und Verhalten, eine wertvolle Hilfe bei der Wahl des künftigen Hausgenossen.

Pflege

Das Wohlbefinden der Katze hängt nicht nur von ihrer Beziehung zum Menschen ab, sondern auch von der Pflege, die er ihr angedeihen lässt. Manche Katzen brauchen spezielle Pflegemaßnahmen, die oft aufwendig und langwierig sein können, wie beim Perser während des Fellwechsels und bei allen auf Katzenschauen vorgeführten Tieren. Andere Katzen benötigen weniger Fellpflege, dafür umso mehr Zuwendung im frühen Alter, andere bedürfen das ganze Leben lang der erhöhten Aufmerksamkeit des Menschen. Die im jeweiligen Fall notwendige Fellpflege und andere Besonderheiten sind in diesem Abschnitt vermerkt.

Farben

Was heutzutage mit zunehmender Verbreitung der Edelkatzen noch mehr auffällt als die verschiedenen Fellstrukturen, sind die Farbschläge. Die Palette ist in den letzten Jahrzehnten immer breiter geworden, zu der bereits vorhandenen Vielfalt von anerkannten Farben kommen immer wieder neue hinzu. Alle bei der jeweiligen Rasse zulässigen Farbschläge sind in diesem Abschnitt angeführt.

Die Rassen

Perser

Typ
Cobby

Ursprungsgebiet
Großbritannien

Ursprungszeit
19. Jahrhundert

Nationalität
Großbritannien

Offizielle Anerkennung
1889

Varietäten
mit kurzem Haar: Exotic Shorthair

Temperament
kommt mit wenig Zuwendung aus, mäßig aktiv, reserviert, wenig aggressiv

Langhaar

Der kräftige, imposante Perser hat ein prächtiges langhaariges Fell in unzähligen verschiedenen Farben. Er stellt die erste und erfolgreichste der Edelkatzenrassen dar, die sich aus den langhaarigen, im 17. Jahrhundert aus dem Mittleren Osten eingeführten Vorfahren entwickelt haben. Die seit Ende des 19. Jahrhunderts selektierte Rassekatze wurde bald zur am weitesten verbreiteten und beliebtesten Edelkatze der Welt.

Perser Weiß

Frühe Geschichte: Die ersten langhaarigen Katzen kamen auf Schiffen aus dem Mittleren Osten und aus Frankreich nach England. Die seit dem 18. Jahrhundert in der Türkei als Angorakatzen bekannten Tiere waren zunächst meist weiß, hatten einen schlankeren Körperbau mit länglichem Kopf, großen Ohren und buschigem Schwanz. Das Fell war dicht, aber noch deutlich kürzer als das des modernen Persers. Diese sogenannten „französischen" Katzen hatten einen kräftigen Körperbau, eher kurze Beine, einen rundlichen Kopf, runde Augen, eine kurze Nase und ein weiches Fell mit dichter Unterwolle. Wahrscheinlich weckten die ersten Exemplare in den britischen Züchtern den Wunsch, Individuen mit noch spektakulärerem Fell zu selektieren. Die kräftige, rundliche Statur wurde dadurch verstärkt, die Haare wurden immer länger und seidiger. Die ersten Exemplare der neuen Art wurden mit vielerlei exotischen Namen bezeichnet, wie etwa „chinesische", „indische" oder „russische" Katzen.

Moderne Geschichte: In der aufstrebenden Welt der Katzenschauen machte der Perser eine steile Karriere, hielt in die feine Gesellschaft und die nobelsten Häuser Einzug, selbst die Tore des Buckingham Palastes und des Schlosses Windsor standen für ihn offen. 1871 wurde er erstmals auf der Katzenausstellung im Crystal Palace vorgestellt, 1889 wurde der erste Standard definiert.

Perser Colourpoint, auch Himalayan genannt

Perser Cream

Der Körperbau war noch weniger akzentuiert als heute, das Haar nicht so dicht, die Nase länger und das allgemeine Erscheinungsbild weniger massiv und rund. Auch die Palette der zulässigen Farben war noch kleiner: Es gab Schwarz, Weiß, Blue, Red, Cream und deren Kombinationen, auch Tabby in denselben Farben. 1901 kamen mit Smoke, Chinchilla, Bicolour, Tricolour, Tortie und Zobel neue Farbschläge dazu. Von England aus eroberte der Perser bald die Vereinigten Staaten und verdrängte die Maine Coon von ihrem angestammten Platz als am weitesten verbreitete Edelkatze der USA. Ausgehend von den importierten Exemplaren und dem britischen Standard arbeiteten die amerikanischen Züchter an der Selektion einer deutlicher definierten Rasse mit kürzerer, kompakterer Morphologie und noch längerem, dichterem Fell. Extremer Ausdruck dieser Philosophie ist der sogenannte Peke-faced-Perser, die Perserkatze mit dem Pekinesen-Gesicht. Heute legt man Wert darauf, die Morphologie innerhalb der Grenzen eines für die Gesundheit und Lebensqualität der Katze vertretbaren Maßes zu halten und schränkt die Selektion übertrieben umgeformter Exemplare ein.

Der Standard: Die Perserkatze ist stämmig gebaut und robust mit kräftigem Rumpf auf kurzen Beinen. Der Kopf ist groß, rundlich und mit breiter Stirn und vollen Wangen. Die Nase ist kurz und breit. Das Kinn ist gut ausgebildet, der Biss geschlossen. Die Augen sind groß und rund, die Ohren klein und der Rundung des Kopfes folgend nach vorne geneigt. Der Hals ist kurz und kräftig und fügt sich harmonisch an den Rumpf. Die Beine sind kräftig mit breiten, runden Pfoten und schwarzen oder dunkelbraunen Ballen. Der relativ kurze Schwanz ist von dichtem, üppigem Fell bedeckt und sehr buschig.

Er wird gerade und der Rundung des Körpers folgend nach unten gebogen getragen, in der Bewegung aber niemals am Boden nachgezogen. Das Fell

Perser Cream mit Weiß

kann 15 bis 20 cm lang sein, unter zwei Schichten Deckhaar liegt die dichte, ebenso lange Wolle. Alle Haarschichten sind besonders gut entwickelt und am gesamten Körper gleichmäßig ausgebildet.

Charakter: Die Perserkatze ist dank ihres ruhigen, ausgeglichenen Charakters eine perfekte Wohnungskatze. Der ideale menschliche Gefährte für dieses Tier sorgt für ein ruhiges, sicheres Umfeld und diskrete, aber tägliche Zuwendung sowie ausreichende Fellpflege. Eine Perserkatze kann gut auch mehrere Stunden täglich allein sein. Sie liebt es zwar, an gemütlichen Plätzen ihre Schläfchen zu halten, ist aber keine Schoßkatze, denn durch das dichte Fell wird ihr leicht warm. Diese Rasse ist sehr zutraulich und kaum aggressiv, außerdem wenig lautfreudig und benötigt nicht sehr viel Zuwendung.

Eine Perserkatze wird kaum je Schäden in der Wohnung anrichten, auch wenn man sie regelmäßig längere Zeit allein lässt. Das sensible Wesen dieser sonst sehr ausgeglichen wirkenden Katze zeigt sich dann, wenn lärmende Kinder oder laute Gäste ihr Bedürfnis nach Ruhe stören. Sie hält sich dann lieber versteckt, bis der Trubel vorbei ist. Die schattierten Farbschläge wie

Perser Blue-Cream

Chinchilla, Silver und Golden sind etwas aktiver und auch lautfreudiger als ihre andersfarbigen Artgenossen, doch auch sie sind grundsätzlich ruhig und friedlich. Colourpoint-Perser gelten ebenfalls als etwas lebhafter, vermutlich ein Erbe aus der Verbindung mit der Siam.

Perser Bicolour Blue-White

Die Farben: Was die Zucht im 20. Jahrhundert im Laufe der Zeit aus den anfänglich wenigen bei den Persern bekannten Farben gemacht hat, ist mehr als imposant: Es sind heute mehr als 180 verschiedene Farbschläge, die man in fünf Gruppen unterteilt. Zur ersten Gruppe gehören Solid- und verdünnte Farben mit von der Wurzel bis zur Spitze gleichmäßig gefärbtem Haar. Dazu zählen selbstverständlich alle einfarbigen Varianten, aber auch die Tortie-Varianten in zwei Farben wie Blue-Cream oder mit Weiß wie Calico, sie alle haben kupferfarbene Augen. Zur zweiten Gruppe gehören die „gescheckten" Katzen, die je nach Farbanzahl und -verteilung in Bi- bzw. Tricolour mit einem Drittel bis zur Hälfte Weiß auf Tabby oder Self, Harlekin mit einem bis fünf Sechstel Weiß und Van mit praktisch ganz weißem Körper, bis auf den Schwanz und zwei in der Mitte durch eine schmale Blesse getrennte Flecken auf der Stirn, eingeteilt werden. Zur dritten Gruppe zählen die Tabby-Varianten mit den drei Unterscheidungen Blotched, Mackerel und Spotted. Tabbys können alle Farben aufweisen, nur ist es manchmal schwer, die Zeichnung auf dem langen Fell deutlich zu erkennen, die Konturen sehen durch die langen Haare verwischt aus. Zur vierten Gruppe gehören schattierte Perser. Bei ihnen hemmt ein Gen die Pigmentierung eines Teils des Haares. Dazu zählen Chinchilla, Silver Shaded und Golden mit grünen Augen sowie Smoke und Cameo mit kupferfarbenen Augen in allen zulässigen Farben. Die fünfte Gruppe bilden die Colourpoint-Perser, bei denen ein Gen wie bei der Siamkatze die Pigmentierung der Haare an den peripheren Körperteilen konzentriert. Sie haben blaue Augen.

Pflege: Perser sind Wohnungskatzen, ihr prächtiges Fell könnte im Freien zu stark verunreinigt und beschädigt werden. Natürlich darf auch die Perserkatze manchmal in den Garten, allerdings müssen die Besitzer in diesem Fall noch sorgfältiger auf die tägliche Fellpflege achten. Im häuslichen Leben hat die üppige Fellpracht einige Nachteile, da sich in der dicken Wolle häufig Knoten bilden und die Katze oft gebürstet werden muss. Vor dem Bad muss das Haar zunächst gründlich durchgekämmt werden. Ausstellungskatzen sollten am besten von einem professionellen Katzenfriseur gepflegt und getrimmt werden. Die Show-Toilette ist speziell darauf ausgerichtet, die farbigen Bereiche des Fells hervorzuheben. Zur Verstärkung der Kontrastwirkung wird das weiße Fell oft mit Talkumpuder bestäubt. Doch nicht nur das Fell des Persers will sorgfältig gepflegt sein, auch auf die Augen sollte der Besitzer achten, übermäßiger Tränenfluss oder Sekretionen anderer Art müssen behandelt werden. Die Hautfalten sollten regelmäßig kontrolliert werden, sie sind anfällig für Entzündungen.

Einfarbige Perser

Die erste bekannte Perservariante war einfarbig schwarz und wurde bei der Londoner Katzenausstellung 1871 vorgestellt. 1938 wurden weiße Perser in zwei Kategorien unterteilt, die mit kupferfarbenen und die mit blauen Augen. In den Fünfzigerjahren wurde auch die Varietät mit verschiedenfarbigen (engl. *odd*) Augen zugelassen. 1960 kamen zu den traditionellen Solid-Farben Schwarz, Weiß, Blue, Red und Cream noch Chocolate und Lilac.

Perser Schwarz

Perser Chocolate

Zweifarbige Perser

Bis 1966 waren zweifarbige (engl. *bicolour*) Perser nicht zu den Britischen Meisterschaften zugelassen, erst als 1971 der Standard modifiziert wurde, erhielten auch andere als die traditionellen Farben Schwarz, Weiß, Blue, Red und Cream die Zulassung, ebenso wie asymmetrische Zeichnung. So konnten sich die zweifarbigen Perser weiter verbreiten. Schwarz und Weiß als Kombination waren schon früh bekannt, nach dem Federkleid der Elster bezeichnet man diese Kombination als „Magpie". Zu den Zweifarbigen zählen auch die Schildpattvarianten in Rot und Schwarz und die verdünnte Variante Blue-Cream. Schildpattkatzen sind immer weiblich, nur sehr selten kommt ein Männchen mit dieser Fellfarbe vor, das jedoch dann steril ist. Britische Züchter bevorzugen eine Vermischung, während die Amerikaner nach einer guten Abgrenzung zwischen den Farben streben. Die Variante Schildpatt mit Weiß wird in den USA als Calico bezeichnet. Eine spezielle Variante von Schildpatt mit Weiß mit Konzentration der Farben auf Kopf und Schwanz (wie beim Typ Van) wurde 1986 von der FIFe mit der Bezeichnung Harlekin anerkannt – ganz kleine Flecken auf dem Körper sind noch zulässig.

Perser Bicolour Rot-Weiß

Perser Harlekin Schwarz-Weiß

Perser Bicolour Schwarz-Weiß

Perser Bicolour Blau-Weiß

Tabby-Perser

Das ursprüngliche Muster der wilden Vorfahren der Hauskatze ist Tabby Mackerel. Der Name Tabby stammt wahrscheinlich von einem Viertel der Stadt Bagdad namens Attabiya im Irak ab, wo marmorierte Stoffe produziert werden. Die Makrele (engl. *mackerel*) weist ebenfalls dunkle Querstreifen auf silbrigem Grund auf. Die deutsche Bezeichnung lautet getigert oder auch gestreift. Die Variante mit breiteren Streifen, die am Rücken schmetterlingsartig zusammenlaufen und an den Flanken konzentrische Kreise bilden, nennt man Blotched, in Deutsch gestromt, man spricht auch von Marmor- oder Rädermuster. Das Allel für Tabby Blotched hat mittlerweile auch in der wilden und halbwilden Katzenpopulation das ursprünglich getigerte Fell weitgehend ersetzt. Es entstand wahrscheinlich in Großbritannien vor dem 17. Jahrhundert und hat sich durch die Kolonisation vor allem nach Australien und Nordamerika verbreitet.

Die dritte Variante des Tabby, Spotted oder gefleckt bzw. getupft, entsteht durch eine regelmäßige Unterbrechung der Tigerstreifen, die dunklen Flecken heben sich von der Agouti-Grundfarbe ab. Bei Edelkatzen sind diese Zeichnungen besser abgesetzt und deutlicher zu unterscheiden als bei gewöhnlichen Hauskatzen. Die Farbe Tortie Tabby (Schildpatt mit Tabby-Muster) ist auch als Patched Tabby oder Torbie bekannt.

Perser Tabby Mackerel Schwarz

Chinchilla-Perser

Chinchilla-Perser

Bei der Londoner Katzenschau 1881 wurde mit großem Erfolg der erste Chinchilla-Perser vorgestellt, der Kater „Silver Lambkin". Bei der Ausstellung 1894 erscheint dieselbe Varietät bereits mit einer eigenen Abteilung. Der Name des Chinchilla-Persers stammt von dem gleichnamigen kleinen südamerikanischen Nager, dessen Fell eine genau entgegengesetzte Färbung aufweist, mit bis auf die helle Spitze dunklem Haar. Beim Chinchilla wirkt das Inhibitor-Gen „I" und verhindert teilweise die Pigmentierung des einzelnen Haares. Beim Perser erhielt man diese Farbe durch Kreuzung von Silver Tabby und Smoke-Perserkatzen von sowohl englischen als auch amerikanischen Züchtern. Die ersten Exemplare waren noch eher dunkel und wiesen eine Tabby-Zeichnung auf, im Laufe der Zeit erhielt man durch Selektion vier Abstufungen: Chinchilla, Silver Shaded, Silver Tabby und Smoke. Dieselben Abstufungen gibt es bei Katzen mit dem O-Gen für Red und der verdünnten Variante (Cream).

Perser Golden Shaded

Beim Golden Chinchilla sind Unterhaar und nicht pigmentierter Teil des Haares nicht weiß, sondern cremerosé- bis aprikosenfarben. Der Mechanismus ist bei allen Varianten der schattierten Farbschläge der gleiche, nur die Farbe der Spitzen und der Anteil der Haarlänge, den dieses sogenannte Tipping einnimmt, sind verschieden. So sind beim Chinchilla sieben Achtel der Haarlänge weiß, der Smoke wirkt dunkler, weil nur ein kleiner Teil oberhalb der Haarwurzel weiß bleibt.

Pewter und Silver Shaded sind einander sehr ähnlich, an der Augenfarbe kann man sie jedoch auf den ersten Blick unterscheiden, beim Pewter sind die Augen grün, beim Silver Shaded kupferfarben.

Perser Tortie Smoke mit Weiß

Perser Blue Tortie Point

Beim Colourpoint-Perser ist die dunkle Maske beim Männchen größer. Die Kätzchen kommen fast weiß zur Welt. Es dauert bis zu 18 Monaten, bis sie ihre endgültige Farbe entwickelt haben. Wie bei der Siam ist die Pigmentierung der Spitzen an die Körperwärme gebunden. Da die Perserkatze durch ihr dichtes Fell insgesamt eine etwas höhere Körpertemperatur hat, ist die Farbe nie so ausgeprägt wie bei der Siam. Die Augen sind immer hell- oder dunkelblau.

Colourpoint-Perser

Die Colourpoint-Perser entstanden durch eine Kreuzung zwischen Perser und Siam. Die ersten Versuche gehen auf das Jahr 1924 zurück, als der schwedische Genetiker Tjebbes erstmals Siamkatzen mit langhaarigen Rassen kreuzte und dadurch eine Langhaarvariante der Siam schaffen wollte. Die Selektion der modernen Colourpoint-Perser begann 1930 auf der Basis von Universitätsstudien zur Genetik der Farbschläge. Aus der Kreuzung eines schwarzen Perserkaters mit einer Siam erhielt man drei schwarze, kurzhaarige Kätzchen. Aus der neuerlichen Verpaarung mit dem Vater ging ein langhaariges Kätzchen mit den Farbmerkmalen der Siam hervor. „Débutante", so lautete ihr Name, wurde 1935 als erste Colourpoint geboren. Das Programm wurde von den britischen Züchtern fortgeführt. Nach einer Unterbrechung im Zweiten Weltkrieg nahm man es 1947 wieder auf. 1955 wurde das Zuchtziel erreicht und schon 1957 erkannte man die Rasse in den Vereinigten Staaten unter der Bezeichnung Himalayan an. Der Name stammt vom gleichnamigen Gen, das bei Kaninchen eine solche Färbung hervorruft. 1958 gewann ein Colourpoint-Kätzchen die Jungkatzen-Kategorie bei einer Londoner Katzenschau. Wegen der Kreuzung mit der Siam wurden zunächst auch Exemplare anerkannt, deren allgemeine Merkmale nicht in den Standard der Perser fielen, wie die längere Nase und die schlankere Silhouette. Heute entsprechen auch die Colourpoint gänzlich dem Standard der Perser.

Die erste amerikanische Himalayan namens „Princess Himalayan Hope" war nicht aus gezielten Kreuzungen hervorgegangen, vielmehr hatte sie Marguerita Goforth bei der *San Diego Humane Society* entdeckt. Die Künstlerin und Katzenzüchterin aus Kalifornien kreuzte die Katze in eine ihrer Linien ein und begann ein Zuchtprogramm. Zur selben Zeit begann ein Ehepaar aus Alberta, die Borretts, ebenfalls mit einem Selektionsprogramm, sie hatten einige Colourpoint-Exemplare aus England importiert und stellten die Resultate erstmals 1957 aus. Die Rasse wurde 1958 in die ACFA-Meisterschaft aufgenommen. Heute ist die CFA die einzige Organisation, die die Himalayan nicht als eigene Rasse, sondern als Unterart des Persers betrachtet.

Birma

Typ
Cobby

Ursprungsgebiet
Myanmar (ehemals Birma)

Ursprungszeit
19. Jahrhundert

Nationalität
Frankreich, Großbritannien

Offizielle Anerkennung
1966

Temperament
wenig aggressiv, mäßig aktiv, gesellig

Halblanges Haar

Der reizvolle Kontrast zwischen heller Körperbehaarung und dunklen Spitzen erinnert an die Siam, eine kurzhaarige Katze mit schlankem Körperbau. Bei der Birma – auch Heilige Katze von Burma genannt – treffen wir diesen Farbschlag jedoch in Kombination mit seidigem, langem Fell und kräftiger Statur an. Die weißen Pfötchen wirken dazu wie edle Samthandschuhe und unterstreichen den noblen Charakter dieser Edelkatze noch, deren gelassenes, ruhiges Wesen gut zu ihrer majestätischen Erscheinung passt.

Geschichten und Legenden: Nach einer Legende stammt diese Rasse von einer Population heiliger Katzen im Khmer-Tempel Lao-Tsunin ab. Während eines Überfalls auf den Tempel wurde der Hohepriester Kittah Mun-Ha von einem Banditen tödlich verletzt. Seine treue Katze „Sinh" wollte ihn verteidigen und warf sich auf ihn. Die Göttin des Tempels Tsun-Kyan-Kse, als prachtvolle goldene Statue mit Augen aus herrlichen Saphiren dargestellt, legte ihren goldenen Schein über die Katze. Da wurde ihr Fell golden und ihre Augen saphirblau. Die Spitzen der Pfoten, die immer noch den Leib des Priesters berührten, wurden strahlend weiß. Sie richtete ihre leuchtenden Augen auf die Tempeltore, die Mönche folgten ihrem Blick, eilten zu den Toren und schlossen sie schnell. So verhinderten sie die Plünderung und retteten den Tempel vor der Zerstörung. „Sinh" blieb bei dem verstorbenen Priester und starb sieben Tage nach ihm. Als die Mönche sich vor der Göttin versammelten, um den Nachfolger des Hohepriesters zu bestimmen, kamen alle Katzen des Tempels herbeigelaufen und waren ebenso verwandelt wie „Sinh".

Birma Seal Tabby

Moderne Geschichte: Die Heilige Katze von Burma erschien erstmals 1919 in Europa. Der amerikanische Milliardär Cornelius Vanderbilt hatte auf einer Kreuzfahrt in den Orient ein paar davon gekauft und ein kleines Vermögen dafür bezahlt. Das Männchen überlebte die Reise nicht, wohl aber das Weibchen. „Sita", so lautete ihr Name, war trächtig, ihre Jungen kamen in Nizza in Frankreich zur Welt. Diese Kätzchen sollten die Vorfahren dieser Rasse im Abendland sein. Nach anderen Quellen soll die Birma das Produkt eines Zuchtprogramms einer Gruppe französischer Züchter in den Zwanzigerjahren sein. Die Rasse wurde bereits seit 1915 in den französischen Abstammungsbüchern geführt, doch es gab erst wieder eine Eintragung, als eine Prinzessin von Hohenlohe in den Dreißigerjahren auf einer Katzenausstellung in Paris ein Exemplar für 3000 Francs erwarb. 1945 war nur ein einziges Paar in Frankreich eingetragen, von diesen beiden Katzen könnte die gesamte westliche Population an Birma-Katzen abstammen. In Großbritannien wurde die Birma 1960 eingeführt und 1966 anerkannt. Ein Jahr später folgte die Anerkennung der Rasse in den Vereinigten Staaten.

Die weißen „Handschuhe" der Birma sind die Freude und zugleich das Leid der Züchter – oft ist es nur ein Quäntchen zu viel oder zu wenig Weiß an den Pfoten, das eine Ausstellungskatze von einer gewöhnlichen Hauskatze unterscheidet. In den Vereinigten Staaten ist die Birma nach dem Perser die am meisten verbreitete Edelkatze.

Der Standard: Mittelgroße Katze mit muskulösem, gut proportioniertem Körper. Der Kopf ist rund und robust, das Kinn gut entwickelt, die Wangen voll, die Nase rundlich und die Kiefer kräftig. Die Augen sind groß, leicht schräg gestellt und rundlich, sie stehen weit auseinander und sind intensiv blau. Die mittelgroßen Ohren sind leicht nach vorne geneigt und sitzen seitlich am Oberkopf. Das Fell ist um die Nase kurz, am Körper lang und um den Hals besonders dicht. Der Schwanz ist mäßig lang und kräftig mit dichtem Fell. Das Fehlen der weißen „Handschuhe" auch nur an einer der Pfoten ist ein Ausschlussgrund.

Auch weiße Haare in den Spitzen sind nicht zulässig. Weitere Ausschlussgründe sind Strabismus, gebogener Schwanz oder Knoten am Schwanz, für Siamesen- oder Perser-ähnliche Kopfform gibt es Strafpunkte.

Pflege: Trotz des langen, seidigen Fells ist die Birma relativ einfach zu pflegen, ein- bis zweimal pro Woche bürsten genügt. Während des Fellwechsels muss man häufiger bürsten, doch es bilden sich selten Knoten. In manchen Linien kann sich eine Schwäche der hinteren Gliedmaßen oder eine Verkrümmung der Nasenscheidewand zeigen, durch die die Katze durch den Mund atmen muss.

Birma Seal Point

Charakter: Die Birma ist mäßig aktiv und hat eine zarte Stimme mit diskretem, zurückhaltendem Klang, ist sehr gesellig und wenig aggressiv. Sie verabscheut Lärm und sucht sich eine ruhige Ecke, wenn es irgendwo lauter wird. Sie kann gut mit anderen Katzen und auch Kindern zusammenleben, sollte aber nicht vor einem Alter von fünf bis sechs Monaten mit ihnen zusammengebracht werden, da Birma-Katzenkinder unsanfte Behandlung gar nicht lieben. Sie kann in der Wohnung gehalten werden, darf aber auch ruhig in den Garten hinaus, wo sie gerne auf Bäume klettert. Diese Ausflüge hält ihr Fell problemlos aus. Sie kann gut einige Stunden Einsamkeit ertragen, wird sie aber über einen längeren Zeitraum allein gelassen, sollte man ihr besser die Gesellschaft eines Artgenossen anbieten. Birma-Kätzchen sind sehr aktiv, bei erwachsenen Tieren suchen die Männchen mehr die Gesellschaft des Menschen als die Weibchen.

Birma Seal Point

Farben: Das Körperfell ist weiß mit bläulichem oder goldendem Anflug und bildet einen reizvollen Kontrast zu den Spitzen in den Farben Seal, Blue, Chocolate, Cream, Red oder Lilac. Es gibt aber auch neuere Varietäten mit Tabby-Spitzen in den angegebenen Farben und Tortie. Die farbigen Bereiche bedecken die Ohren, die Beine und den Schwanz, auf dem Gesicht bilden sie eine Maske bis unter die Schnurrhaarkissen. Charakteristisch für die Birma sind die weißen „Handschuhe". Nach dem Standard reichen sie idealerweise bis zum Mittelfuß und enden vorne in einer geraden Linie, hinten in einer Art Sporn. Die Zehenpolster sollen vorzugsweise rosa sein. Die weißen Handschuhe müssen symmetrisch ausgeprägt sein und dürfen an keiner Seite die Ideallinie überschreiten.

Ragdoll Seal Point

Ragdoll

Die Ragdoll wurde wegen ihres sehr speziellen Charakters bekannt. Sie ist praktisch überhaupt nicht aggressiv und ganz besonders zahm. Sie lässt sich vollkommen widerstandslos hochheben und im Arm halten. Gerade wegen dieses für den Menschen so angenehmen Charakterzuges, der für die Katze selbst oft unvorteilhaft sein kann, stellen sich manche Katzenliebhaber in diesem Zusammenhang die Frage nach den ethisch vertretbaren Grenzen der Zuchtziele im Hinblick auf Wesenseigenschaften.

Typ
Semi-Foreign/ Cobby

Ursprungsgebiet
USA

Ursprungszeit
1960

Nationalität
USA

Offizielle Anerkennung
1965

Temperament
nicht aggressiv, sehr zutraulich, wenig aktiv

Halblanges Haar

Moderne Geschichte: Anfang der Sechzigerjahre gingen aus der Verbindung von „Josephine", einer weißen Kätzin mit Persereinschlag und halblangem Haar, und einem Birma-Kater ein paar Kätzchen hervor, die sich auch durch einen einzigartigen Wesenszug auszeichneten: Sie waren sehr ruhig, nie aggressiv und ließen sich widerstandslos in den Arm nehmen, wo sie vollkommen entspannt und passiv verharrten. Die Besitzerin Ann Baker aus Kalifornien erklärte sich das besondere Wesen der Kätzchen als eine Anomalie des Nervensystems, denn die Mutter war vor der Geburt einmal durch ein Auto angefahren worden. Doch diese Eigenschaft der Kätzchen erwies sich als so erfreulich für die Besitzerin, dass sie beschloss, ein Zuchtprogramm mit ihnen zu beginnen. Zum ersten Mal war das Zuchtziel nicht die äußere Erscheinung, sondern der Charakter der Katze. Der Name „Ragdoll" weist im Übrigen genau darauf hin, die „Flickenpuppe" ist ein beliebtes Knuddel-Spielzeug. Die Rasse wurde 1965 von der *Cat Fanciers Association* anerkannt. In Großbritannien stand

Ragdoll Seal Point

man der neuen Rasse zunächst kritisch gegenüber, denn man nahm an, das gelassene Temperament sei auf pathologische Veränderungen des Nervensystems zurückzuführen, besonders auf Schmerzunempfindlichkeit. Doch das besonders friedfertige Wesen kann auch als Resultat der Kreuzung zweier bereits ausgesprochen zahmer Exemplare gedeutet werden.

Standard: Die ideale Ragdoll ist groß und schwer, der Gesamteindruck ist der einer muskulösen, kräftigen Katze. Der Körper ist lang gestreckt und groß mit kräftigem Knochenbau, die Schultern sind etwas niedriger als das Hinterteil. Fett wird nur am Unterbauch akzeptiert. Die Weibchen sind deutlich kleiner als die Männchen. Der Kopf ist breit, dreieckig, zur Nase hin abgerundet und mittelgroß, die Stirn gewölbt mit leichtem Stopp, die Nase mittellang. Die Ohren sind mittelgroß, stehen weit auseinander und sind leicht nach vorne geneigt. Die Augen sind oval, groß und blau, der Abstand sollte nicht zu groß sein. Der Hals ist kurz und kräftig, der

Schwanz dicht, gleich lang wie der Körper und wird hoch getragen. Die Gliedmaßen sind mittellang, die Pfoten rundlich mit Haarbüscheln zwischen den Zehen. Das Fell ist halblang, an Hals und Brust länger und am Vorderkopf kurz, die Haarlänge nimmt vom Kopf zu den Schultern und über den Rücken zu, Flanken- und Bauchhaare sind mittellang bis lang. Das Fell an den Vorderbeinen ist kurz bis mittellang, an den Hinterbeinen mittellang bis lang, dicht und flauschig.

Charakter: Wie bereits erwähnt, ist die Ragdoll bisher die einzige aufgrund eines bestimmten Charakterzuges selektierte Rasse. Sie ist absolut nicht aggressiv, sehr zutraulich, ausgeglichen und ruhig und lässt sich widerstandslos auf den Arm nehmen, wo sie sich völlig entspannt und reaktionslos jede Art der Manipulation mit sich geschehen lässt. Sie ist wenig lautfreudig, hat eine leise, freundliche Stimme und beansprucht nicht besonders viel Platz.

Gerade wegen ihres extrem friedliebenden, fast unterwürfigen Charakters muss sie äußerst sanft behandelt werden. Sie kann gut mit Kindern zusammenleben, doch die Eltern müssen darauf achten, dass ihre Sprösslinge das zahme Wesen der Katze nicht überbeanspruchen. Sie hat auch gerne Gesellschaft von Artgenossen, diese sollten ebenfalls ein friedliches Temperament besitzen. Durch die mäßige Aktivität ist sie gut als Wohnungskatze geeignet. Trotz ihres friedlichen Charakters zeigt sie in diversen Fällen das gesamte Repertoire kätzischen Verhaltens. In den britischen Linien wird darauf geachtet, eine natürliche Verhaltensweise zu konservieren, daher werden gezielt die weniger passiven Exemplare selektiert.

Ragdoll Seal Mitted

Ragdoll Blue Bicolour

Pflege: Häufiges Bürsten ist nur während des Fellwechsels nötig, ansonsten genügt ein- bis zweimal pro Woche.

Farben: Der Standard lässt vier Farben zu: Seal, Blue, Chocolate und Lilac in drei Varianten, Colourpoint, Mitted und Bicolour.

Die Colourpoint zeigen die typischen dunklen Spitzen der Siamesen. Bei der Mitted kommt zur Erbanlage der Siam das rezessive Gen für die weißen „Handschuhe". Diese sind symmetrisch und auf die Pfoten beschränkt, an den Vorderpfoten idealerweise kürzer als hinten, wo sie bis zum Fersenbein hinaufreichen können. Die Maske auf der Nase soll in der Mitte von einer „Flamme" geteilt werden. Die Bicolour weisen ebenfalls den Genotyp der Siam auf, die weißen Flecken sind jedoch über den gesamten Körper verteilt. Das Weiß soll mindestens ein Drittel des Körpers sowie Bauch und Beine bedecken, eine weiße Blesse ist erwünscht.

Ragdoll Blue

Ragdoll Blue Colourpoint

Cymric

Einige Rassen unterscheiden sich nur durch die Haarlänge voneinander. Die Erbanlage für kurzes oder langes Haar kann in eine Blutlinie eingebracht werden, indem man andere Rassen einkreuzt, oder aber wie in diesem Fall bereits von Anfang an in beiden Formen vorhanden sein. Die Cymric ist die langhaarige Version der Manx.

Moderne Geschichte: In den Dreißigerjahren wurde die Manx von Großbritannien in die USA importiert. Da die Erbanlage für langes Haar bei der Manx in rezessiver Form vorhanden war, mussten keine Einkreuzungen vorgenommen werden, um eine langhaarige Varietät zu erhalten, denn es genügt, wenn beide Elterntiere das rezessive Gen für langes Haar aufweisen. Die langhaarigen Kätzchen werden dann als Cymric bezeichnet. Der Name leitet sich von der keltischen Bezeichnung für Wales ab und wird „Kumrik" gesprochen.

Standard: Die Cymric ist eine mittelgroße Katze mit kompakter, muskulöser Statur. Der Kopf ist mittelgroß, rund, etwas länger als breit, mit kräftiger Nase und gut ausgebildeten Wangen, leichtem Stopp und leicht gerundeter Stirn. Die Ohren sind mittelgroß, abgerundet und stehen weit auseinander, die Augen sind groß, rund, leicht schräg gestellt und harmonieren mit der Fellfarbe. Der Hals ist kurz und massig, die Vorderbeine kürzer als die Hinterbeine, der Knochenbau robust. Die Brust ist breit, der gedrungene Rumpf muskulös. Das Hinterteil ist höher als die Schultern, die Flanken breiter als bei jeder anderen Rasse, das kompakte Erscheinungsbild des Cobby-Typs kommt so noch deutlicher zur Geltung. Die Pfoten sind

Typ
Cobby

Ursprungsgebiet
USA

Ursprungszeit
1930

Nationalität
USA

Offizielle Anerkennung
1960

Varietäten
kurzhaarig: Manx

Temperament
mäßig aktiv, gesellig

Halblanges Haar

Cymric Red Tabby mit Weiß

Cymric Bicolour Schwarz-Weiß

rund, der Schwanz fehlt. Einige knorpelige Schwanzglieder sind kein Fehler, wenn der „Stummel“ die Hand des Richters beim Streicheln über die Kruppe nicht aufhält. Das Fell ist mittellang und weich mit längerem Deckhaar und dichter Unterwolle.

Charakter: Die Cymric ist eine mäßig aktive Katze, nicht schreckhaft, verspielt, gesellig, sehr zutraulich und passt sich neuen Situationen ohne Probleme an. Sie akzeptiert Gäste und andere Tiere, kann gut in der Wohnung gehalten werden, sucht aber auch gerne immer wieder den Garten auf.

Pflege: Das halblange Fell muss zweimal wöchentlich gebürstet oder gekämmt werden, besonders auch vor dem Bad. Das Fell verfilzt nicht und ist leicht zu pflegen. Bei dieser Rasse kommt häufig eine Schwäche der Hinterbeine vor, es gibt Strafpunkte für Exemplare, die im Stehen nicht alle Beine gleichmäßig belasten oder nicht korrekt gehen. Das Fehlen des Schwanzes kann mit Anomalien assoziiert sein, die beim Kätzchen noch nicht zu sehen sind und erst nach der 12. Lebenswoche in Erscheinung treten. Ein tödliches Gen führt bei einem Viertel der Föten im Uterus zum Absterben. Um schwere pathologische Störungen zu vermeiden, werden Cymric-Katzen niemals untereinander verpaart.

Farben: Alle Farben sind erlaubt, außer die, die aus Kreuzungen mit anderen Rassen hervorgehen wie Chocolate, Lilac und Colourpoint oder eine dieser Farben mit Weiß. Einige Beispiele zulässiger Farben sind einfarbig Schwarz, Weiß, Blue, Red, Cream, Bicolour, Tabby und Tabby mit Weiß, getippt Chinchilla, Silver Shaded, Silver Tabby und Smoked, Tricolour und Tortie.

Scottish Fold

Das typische Merkmal dieser Rasse sind die nach unten gefalteten Ohren, durch die diese Katzen beunruhigend wirken können, denn sie erinnern an die Körpersprache eines aufgeregten Tieres. Doch dieser erste Eindruck wird bei der friedlichen Scottish Fold schnell durch ihr Verhalten und durch die rundliche, Vertrauen erweckende Körperform zerstreut.

Typ
Cobby

Ursprungsgebiet
Schottland

Ursprungszeit
1961

Nationalität
Großbritannien

Offizielle Anerkennung
1974

Varietäten
mit mittellangem Haar: Highland Fold

Temperament
wenig aktiv, kaum aggressiv, zutraulich, bei Fremden scheu

Halblanges Haar

Moderne Geschichte: Diese Mutation ist wahrscheinlich zu mehreren Zeiten und an mehreren Orten gleichzeitig aufgetreten, wurde aber erst seit etwa 40 Jahren selektiert. Die Stammmutter dieser Katzenrasse war ein weißes Kätzchen namens „Susie", geboren 1961 im Städtchen Coupar Angus im schottischen Tayside. Die Besitzerin erzählte den leidenschaftlichen Katzenliebhabern William und Mary Ross von den eigenartig gefalteten Ohren ihrer Katze und das Ehepaar kaufte „Snooks", eine Tochter von „Susie". Sie begannen ein Zuchtprogramm und verpaarten „Snooks" mit einem British Shorthair-Kater. Die neue, schwer selektierbare Rasse wurde zunächst nicht anerkannt, die Faltohrkatze entfachte hitzige Diskussionen zwischen Experten und Katzenfreunden aus aller Welt. 1974 wurde die Scottish Fold schließlich doch von der CFA und in den folgenden Jahren von japanischen und australischen Verbänden anerkannt. In Europa zeigte man sich zurückhaltender und verweigerte der Scottish Fold den offiziellen Status als Edelkatze, weil man die gefalteten Ohren für eine gefährliche genetische Mutation hielt. Tatsächlich führt die Verpaarung zweier Scottish Fold zu schweren Anomalien des Skeletts, wie etwa Missbildung der Gliedmaßen. In Großbritannien nahm die GCCF eine besonders kritische Haltung ein, während die *Cat Association of Britain* die Rasse 1984 anerkannte, allerdings mit der Einschränkung, dass nur ein Elternteil der Rasse Scottish Fold angehören darf und Skelettanomalien mit Strafpunkten belegt werden. 1987 erkannte die CFA die Varietät mit halblangem Haar unter dem Namen Scottish Fold Longhair oder Highland Fold an, die aus Einkreuzungen von British oder Exotic-Katzen hervorgeht. Sie brachten das Langhaar-Gen der Perser in die Rasse ein. Einige Experten sind allerdings der Meinung, das Gen für langes Haar sei von Anfang an in den Blutlinien der Rasse enthalten gewesen.

Scottish Fold Tortie-Tabby

Standard: Der Körper ist rundlich, jedoch nicht stämmig, die Beine sind mäßig lang, der Kopf rund und breit mit kräftigem Hals, vollen Wangen, kurzer Nase und wie zu einem dauernden Lächeln nach oben geschwungener Maulspalte. Die Schnurrhaarkissen

Scottish Fold Longhair (Highland Fold) Brown Tabby mit Weiß

sind stark vorgewölbt, die Ohren eher klein und möglichst eng an den Kopf gefaltet. Die Augen sind groß und rund, die Farbe harmoniert mit dem Fell. Der Schwanz ist mittellang, gerade, muss normal beweglich sein. Das Fell ist dicht, leicht plüschig, weich und mittellang.

Charakter: Die Scottish Fold ist nicht sehr aktiv, jedoch sehr zutraulich gegenüber den Familienangehörigen und erweist sich ihnen gegenüber sanft und unterwürfig. Sie ist gesellig, aber sensibel, Fremden gegenüber auch scheu.

Sie zieht es vor, ihre Zärtlichkeiten für die Personen aufzuheben, die mit ihr zusammenleben und mit denen sie vertraut ist. Diese diskrete, wenig lautfreudige Katze ist der ideale Gefährte für alleinstehende Menschen. Sie haben viel Zeit für die Katze und können ihr einen regelmäßigen, ruhigen Lebensrhythmus bieten. Veränderungen oder gar Überraschungen liebt die Scottish Fold nicht, ebenso wenig wie eine turbulente, laute Umgebung. Wenn sie gestört wird, zieht sie sich in ein sicheres Versteck zurück, bis sich die Situation beruhigt hat. Sie ist gut als Wohnungskatze geeignet, verachtet aber auch gelegentlichen Zugang zum Garten nicht.

Pflege: Die Scottish Fold ist eine robuste, gesunde Katze, die sich nicht so leicht Erkältungen zuzieht. Die gefalteten Ohren müssen besonders gut gepflegt werden, damit sich keine Parasiten einnisten oder Schmutz ansammelt.

Der Knorpel ist fest, aber empfindlich und muss sehr zart behandelt werden. Zwei Scottish Fold dürfen nicht miteinander verpaart werden, es könnten dadurch schwere Missbildungen auftreten.

Farben: Die Palette der zulässigen Farben ist breit und enthält den Großteil der Farben der American Shorthair: Schwarz, Weiß, Blue, Cream, Smoke, Red, Chinchilla, Silver Shaded, Tortie, Tabby Mackerel oder Blotched, Bicolour. Farben und Muster, die aus Einkreuzungen anderer Rassen stammen wie Colourpoint, Chocolate, Lilac oder deren Kombinationen mit Weiß sind nicht zulässig.

Die Ohren

Das für die charakteristisch gefalteten Ohren verantwortliche Gen ist unvollständig dominant. Mindestens ein Elterntier muss Träger dieses Gens sein, um das Merkmal an die Kätzchen weiterzugeben. Doch selbst wenn beide Elternteile Träger des Gens sind, findet man in einem Wurf immer wieder auch Kätzchen mit normal geformten Ohren vor. Bei der Geburt haben alle Kätzchen nach vorne hängende Ohren, erst mit zwei Wochen richten sich die normal geformten Ohren auf und man kann die „Fold"-Kätzchen von den anderen unterscheiden. Oft drehen sich die Ohren auch nach vorne ein und werden dann normal. Die einzigen auf Ausstellungen zugelassenen Faltohrkatzen sind die mit schottischer Abstammung.

Scottish Fold Longhair Silver Tortie

Selkirk Rex

Typ
Cobby

Ursprungsgebiet
USA

Ursprungszeit
1987

Nationalität
USA

Offizielle Anerkennung
1990

Temperament
mäßig aktiv, zutraulich, still

Halblanges Haar

Während manche Edelkatzen wie Perser, Siam oder Maine Coon auf der ganzen Welt eine große Fangemeinde besitzen, so verdanken andere ihren Fortbestand einigen wenigen eingeschworenen Liebhabern, die sich auf eine seltene Rasse spezialisiert haben. Die rare Selkirk Rex ist eine davon. Sie begeistert nicht nur wegen des außergewöhnlichen Anblicks, sondern erobert das Herz des Betrachters auch durch ihr diskretes und gleichzeitig zutrauliches, geselliges Wesen.

Moderne Geschichte: 1987 wurde eine streunende Katze mit gewelltem Haar in der Farbe Blue-Cream mit Weiß als Tochter einer Kätzin mit normalem Fell und eines unbekannten Vaters zusammen mit den Geschwistern bei einer Tierschutzorganisation, der *Bozema Humane Society* in Wyoming, abgegeben. Dort fiel sie Peggy Vorhees auf, die sie an die Perser-Züchterin Jeri Newman aus Montana weitergab. Sie erhielt den Namen „Miss de Pesto" und faszinierte die Züchterin vor allem wegen ihres dichten, gewellten, halblangen Fells, das sich leicht rau anfühlte. „Miss de Pesto" wurde in der Folge mit dem preisgekrönten Perserkater „Foto Finish of Deekay" gepaart. Am 4. Juli 1988 kamen sechs Kätzchen aus dieser Verbindung zur Welt, drei davon hatten das gewellte Fell der Mutter geerbt, darunter ein schwarz-weißes Männchen, ein Schildpatt-Weibchen und ein schwarzes Weibchen. Das zweifarbige Kätzchen namens „Oscar Kowalski" gilt noch heute als eines der besten Exemplare der Rasse. Er wurde erneut mit der Mutter gepaart, worauf sich bei der gesamten Nachkommenschaft das gewellte Fell zeigte. Die Rasse erhielt den Namen des Taufpaten der Züchterin. Das Programm wurde mit Einkreuzungen von British und American Shorthair, Exotic und Perser weitergeführt. So kristallisierte sich die robuste Statur heraus, die die Selkirk heute von allen anderen Rex-Rassen unterscheidet. Im August 1990 wurde die Rasse von der *American Cat Fanciers Association* (ACFA) und der TICA in der Experimentalklasse anerkannt und erhielt so das Recht, in der Kategorie für neue Farben und Rassen an Ausstellungen teilzunehmen.

Standard: Der Körper ist kräftig und muskulös. Der Kopf ist rund mit vollen Wangen, die Stirn abgerundet, die Nase kurz mit deutlichem Stopp. Die Augen sind groß und rund, die Farbe harmoniert mit dem Fell. Die Ohren sind mittelgroß, laufen spitz zu und stehen weit auseinander. Das Fell ist dicht und wollig und besonders um den Hals und den Schwanz stark gewellt. Die Beine sind lang und kräftig, die Pfoten groß. Der Schwanz ist mittellang, an der Wurzel dick und läuft schmal und spitz aus.

Charakter: Die Stammmutter dieser Rasse war eine Streunerin und somit ein Produkt der harten natürlichen Auslese. Der dennoch sanftmütige Charakter der Katze ist vor allem den Einkreuzungen bestimmter, seit Generationen an das Zusammenleben mit dem Menschen gewöhnter Rassen zuzuschreiben. Die Selkirk Rex ist wenig aggressiv, mäßig aktiv, still und ausgeglichen. Sie miaut selten und ist zwar Liebkosungen nicht abgeneigt, braucht aber nicht übermäßig viel Zuwendung und nimmt die Zeit des Besitzers verhältnismäßig wenig in Anspruch. Sie ist ein idealer Gefährte für jeden, der sich eine nicht allzu lebhafte, sanftmütige, zutrauliche und gesellige Katze wünscht. Fremden gegenüber zeigt sie sich manchmal zurückhaltend oder scheu, wenn Kinder zu grob mit ihr umgehen, zieht sie sich ohne Aggression zurück. Sie ist eine ideale Wohnungskatze, hält gerne zahlreiche kleine Schläfchen und toleriert andere Tiere gut, sofern sie nicht zu laut und aufdringlich sind.

Farben: Alle Farben sind zugelassen, auch das Siam-Muster. Die Augenfarbe muss mit der Fellfarbe harmonieren. Erwünscht ist eine regelmäßige Farbe, Weiß mit blauen, kupferfarbenen oder ungleichen Augen, Schwarz, Red, Blue, Chocolate, Lilac, Tortie auch mit Weiß. Bicolour, Tricolour, Tabby, Colourpoint und alle Arten von Shaded in den zulässigen Farben sind ebenfalls beliebt.

Das Rex-Gen

Das für die gewellte Haarpracht verantwortliche Gen ist bei der Selkirk dominant, besitzt es nur ein Elternteil, haben mindestens die Hälfte der Kätzchen das gewellte Fell. Bei der Devon und der Cornish Rex hingegen ist das Gen rezessiv, beide Elternteile müssen Träger sein, damit es bei der Nachkommenschaft in Erscheinung tritt.

Selkirk Rex Blue-Cream Tabby

York Chocolate

Typ
Semi-Foreign

Ursprungsgebiet
USA

Ursprungszeit
1983

Nationalität
USA

Offizielle Anerkennung
1990

Temperament
ausgeglichen, zutraulich, scheu gegenüber Fremden

Halblanges Haar

Bei der Selektion der Edelkatzen wurden die gewöhnlichen Hauskatzen nie ausgeschlossen, ebenso gibt es auf Katzenausstellungen immer eine eigene Kategorie für die Hauskatze. Am Anfang jeder der modernen Rassen steht immer eine Katze ohne Papiere mit besonderen Eigenschaften, die durch das Engagement ihrer Besitzer zur Edelkatze aufgestiegen ist.

Moderne Geschichte: Der Stammbaum der York geht auf die schwarzweiße Langhaarkatze der Amerikanerin Janet Chiefari zurück. Sie lebte in der Nähe eines Industriegebietes am Rand von Albany, der Hauptstadt des Staates New York. Die Kätzin paarte sich mit „Smokey", dem Kater der Nachbarn. Unter den jungen Kätzchen aus dieser Verbindung stach eines durch seine besonders schöne schokoladenbraune Farbe hervor. Die Besitzerin beschloss das Weibchen zu behalten und taufte es auf den Namen „Brownie". Sie paarte es mit einem schwarzen, langhaarigen Kater namens „Minky". 1985 entstehen daraus zwei Kätzchen mit denselben Charakteristika: seidig glänzendes, halblanges Fell mit intensiver Farbe. Das Weibchen, „Teddy Bear", war schokoladenbraun, das Weibchen „Cocoa" schokoladenbraun mit Weiß. Von diesen beiden stammt die mit einem aufwendigen Zuchtprogramm selektierte Rasse ab. 1989 gab es schon 27 Katzen mit der typischen schokoladenbraunen Farbe. Auf Anraten von Nancy Belser, Züchterin und Richterin der *Cat Fancier's Federation,* entschloss sich Janet nun die Katzen auf einer Ausstellung der CFF zu präsentieren. „Prince", ein sechs Monate alter Kater mit gleichmäßig schokoladenbrauner Farbe, wurde als Hauskatze registriert und von den Richtern mit Beifall aufgenommen. Er gewann sechs Rosetten und einen Pokal für den Gesamtsieg. Mit diesen Resultaten konnte Janet die Anerkennung der Rasse durch die CFF und die ACFA durchsetzen. Der Name spielt auf den Staat an, aus dem die Katze ursprünglich stammt, der Beiname bezeichnet die Farbe, die charakteristische Eigenschaft dieser Edelkatze. 1990 wurde die Rasse von CFF und ACFA in der Experimentalklasse anerkannt, 1992 folgte die offizielle Anerkennung als vollwertige Rasse von diesen beiden

York Chocolate Lavender einfarbig

Verbänden, 1995 erkannte auch die CCA *(Canadian Cat Association)* die York an. In Europa ist sie bisher in die Liste der provisorisch anerkannten Rassen der WCF *(World Cat Federation)* eingetragen.

York Chocolate Bicolour Chocolate mit Weiß

Standard: Die York ist eine Katze mit schlanker, lang gestreckter Silhouette. Ihre Statur erinnert ein wenig an die Siam, sie ist jedoch insgesamt kräftiger. Die Männchen werden 6 bis 8 kg schwer, die Weibchen nur 4 bis 5 kg. Der Kopf ist mittelgroß, etwas länger als breit und bildet ein stumpfes Dreieck. Im Profil ist der Kopf abgerundet, die Nase weist einen leichten Stopp auf, das Kinn ist nicht besonders stark entwickelt. Die Ohren sind groß, spitz, nach vorne geneigt und stehen weit auseinander. Die Augen sind mittelgroß und mandelförmig, goldfarben, grün oder leuchtend haselnussbraun. Die Beine sind mäßig lang, die Hinterbeine sind dabei etwas länger als die vorderen. Die Pfoten sind rund und eher groß, der Schwanz ist beim ausgewachsenen Tier mittellang und buschig. Das halblange Fell ist weich und glänzend ohne dichte Unterwolle und liegt am Körper an. Im Gesicht, am Bauch und an den Pfoten sind die Haare kurz, an Hals, Rücken, Flanken und am oberen Teil der Gliedmaßen länger.

Die York Chocolate ist einem Bad ab und zu nicht abgeneigt. Sie spielt mit dem Wasser, steckt oft aus eigenem Antrieb eine Pfote hinein oder nimmt sogar mitunter ein Vollbad.

Charakter: Die York ist mäßig aktiv, ein gewisser, nicht übertriebener Bedarf an Zuwendung ist vorhanden. Sie lässt sich gerne von den Mitgliedern der Familie liebkosen und hält oft ein Schläfchen auf dem Schoß ihres Besitzers. Fremden gegenüber ist sie ein wenig scheu, jedoch kaum aggressiv und grundsätzlich gesellig. Sie liebt die Gesellschaft von Menschen, ist aber dennoch selbstständiger, weniger besitzergreifend und auch weniger lautfreudig als die Orientalen. Sie akzeptiert andere Tiere im Haus und ist ein zärtlicher, duldsamer Gefährte für die Kinder der Familie. Sie ist gut als Wohnungskatze geeignet und kann auch einige Stunden allein bleiben, wenn es möglich ist, hält sie sich jedoch gerne im Freien auf.

Farben: Der Standard sieht vier mögliche Farbschläge vor: Chocolate einfarbig, Chocolate mit Weiß, Lilac einfarbig und Lilac mit Weiß. Bei einfarbigen Katzen ist ein kleiner weißer Fleck auf Bauch oder Brust erlaubt, aber nicht erwünscht. Bei den zweifarbigen Exemplaren soll das Weiß an Hals, Brust, Bauch, Pfoten und auch an der Nase in Erscheinung treten, dort handelt es sich allerdings oft nur um einige wenige weiße Haare. Bei Kätzchen sind die Farben deutlich heller, bis zu einem Alter von 12 Monaten können sie Tigerstreifen und -flecken aufweisen. Neuerdings sollen auch die Varianten Chocolate Van und Lilac Van anerkannt werden, das sind hauptsächlich weiße Katzen mit wenigen Markierungen an Kopf und Schwanz und höchstens ein bis zwei Flecken an Rumpf und Beinen.

Norwegische Waldkatze

Typ
Semi-Foreign

Ursprungsgebiet
Norwegen

Ursprungszeit
17. Jahrhundert

Nationalität
Norwegen

Offizielle Anerkennung
1975

Temperament
aktiv, wachsam, selbstständig

Halblanges Haar

Die Norwegische Waldkatze erinnert an einen kleinen Luchs, besonders in der klassischen Farbe Tabby. Mit ihrer großen Statur, dem natürlichen Temperament und den spitzen, von kleinen Haarbüscheln geschmückten Ohren kann man sie sich gut beim Herumstreifen in den ausgedehnten Wäldern Nordeuropas vorstellen. Dennoch fühlt sie sich in den schützenden vier Wänden einer Wohnung oder innerhalb eines umzäunten Gartens genauso wohl.

Geschichten und Legenden: Die Geschichte der Norwegischen Waldkatze hängt eng mit den Wikingern zusammen, bei denen sie als heilig galt. Nach einer Legende zogen zwei große Katzen mit prächtigem weißen Fell den Wagen der Freya, der nordischen Göttin der Liebe und Fruchtbarkeit. Die großen Waldkatzen sollen als getreue Gefährten der Wikinger auf den Schiffen die Vorräte vor den frechen, kleinen Nagern bewahrt haben. Die Ähnlichkeit zwischen der Norwegischen Waldkatze und der Maine Coon wird oft als Anzeichen dafür gewertet, dass die nordischen Seefahrer einige Exemplare auf ihren Schiffen in die Neue Welt mitbrachten.

Norwegische Waldkatze Red Mackerel Tabby

Norwegische Waldkatze
Blue Mackerel Tabby

Frühe Geschichte: Die Rasse stammt aus Norwegen, wo sich die typischen Merkmale unter dem Druck des rauen Klimas entwickelt haben. Die große, kräftige Statur und das dichte Fell stellen tatsächlich eine hervorragende Anpassung an die harten Lebensbedingungen in diesen Regionen dar.

Doch auch hier ist sich die Fachwelt nicht einig: Das lange Haar stammt nach Meinung einiger Experten von Exemplaren ab, die von normannischen Seefahrern aus Anatolien und dem Kaukasusgebiet mitgebracht wurden. Diese Angorakatzen sollen sich mit den dortigen Kurzhaarkatzen gepaart haben, woraus diese langhaarige Rasse entstand. Die erste Erwähnung dieser Rasse findet man 1599 in Form einer Beschreibung des Naturforschers Peter Clauson Friis. Er sprach von einer „luchsähnlichen" Katze, die sehr an die heutige Waldkatze erinnert. In norwegischen Fabeln kam diese Rasse zwischen 1837 und 1852 häufig vor.

Moderne Geschichte: Die Norwegische Waldkatze weckte das Interesse der Züchter in den Dreißigerjahren, als eine Gruppe passionierter Katzenliebhaber damit begann, Charakteristika und Standards für diese Rasse festzulegen. Trotz der großen Fortschritte bei der Zucht erreichte die Norwegische Waldkatze erst 1973 die Küsten Großbritanniens und wurde von dort auch nach Amerika exportiert, wo sie große Erfolge feierte. 1975 formierte sich in Norwegen der erste auf diese Rasse spezialisierte Züchterverband, zwei Jahre später folgte die offizielle Anerkennung der FIFe. In Norwegen stellt sie eine Art Nationalheiligtum dar und ist unter dem Namen Norsk Skaukatt bekannt.

Standard: Die Norwegische Waldkatze ist groß, hochbeinig und hat eine rechteckige Körperform. Der Kopf bildet mit den Ohren ein gleichseitiges Dreieck mit langem, geradem Profil ohne Einbuchtungen. Die Augen sind mandelförmig, schräg gestellt und groß, die Farbe harmoniert mit dem Fell.

Norwegische Waldkatze Weiß mit blauen Augen

Die mittelgroßen Ohren verlängern die Linie der Wangen nach oben und sind am Rand mit langen Haarbüscheln besetzt. Die Hinterbeine sind länger als die Vorderbeine, der Schwanz ist lang und buschig. Das Fell ist vor allem in den Wintermonaten durch die dichte Unterwolle flauschig und dick. Besonders um den Hals herum bildet sich eine dichte Krause. Dort ist das Haar besonders lang, ebenso wie am Schwanz und an den Flanken. Das kräftige Deckhaar glänzt seidig.

Charakter: Eine Norwegische Waldkatze ist aktiv, wachsam, sehr unabhängig, aber durchaus gesellig und zutraulich gegenüber Menschen. Auch erwachsene Tiere sind noch ziemlich verspielt. Besonders die Männchen suchen die Gesellschaft des Menschen, Weibchen lassen sich oft weniger gerne hochheben. Diese Katze kann gut mit Kindern zusammenleben, wenn

Norwegische Waldkatze Blue Tabby Mackerel

Norwegische Waldkatze Blue Tabby mit Weiß

ihr das Spiel zu grob wird, zieht sie sich zurück. Männchen sind oft unduldsam gegenüber Jungtieren, im Allgemeinen aber wenig aggressiv, nicht sehr lautfreudig und reserviert. Die Norwegische Waldkatze fürchtet sich nicht vor lauten Geräuschen oder fremden Personen, sie beschnüffelt Neuankömmlinge neugierig, inspiziert sie aber genau, bevor sie sich von ihnen streicheln lässt. Selbstbewusst trägt sie den prächtigen Schwanz hoch und gerade wie eine Fahne. Wenn sie über einen Garten verfügen kann, lässt sie gerne ihrem Spieltrieb und ihrer Neugier freien Lauf und klettert viel auf Bäume, kann sich aber auch gut an das Leben in der Wohnung anpassen.

Norwegische Waldkatze Black Smoke mit Weiß

Norwegische Waldkatze Brown Tabby Blotched

Pflege: Das dichte Fell muss oft gebürstet werden, besonders während des Fellwechsels; ab und zu ein Bad und korrekte Ernährung komplettieren das Pflegeprogramm. Zu häufiges Baden sollte vermieden werden, Seife und Shampoo können den schützenden Fettfilm auf den Haaren zerstören. Das ist auch nicht nötig, denn das Fell verfilzt ohnehin nicht. Die Norwegische Waldkatze ist erst mit vier oder fünf Jahren ausgewachsen.

Farben: Alle Farben mit Ausnahme der aus Kreuzungen mit anderen Rassen hervorgegangenen Farbschläge sind zugelassen. Kleine weiße Flecken und Medaillons, wie man sie bei Tabbys oft sieht, werden nicht geschätzt, kommen allerdings häufig vor und sind kein Ausschlussgrund.

Maine Coon

Typ
Semi-Foreign

Ursprungsgebiet
USA

Ursprungszeit
19. Jahrhundert

Nationalität
USA

Offizielle Anerkennung
1967

Temperament
ausgeglichen, sehr aktiv, selbstständig

Halblanges Haar

Die wilde Schönheit der Lieblingskatze von Maine hat die Herzen der Katzenliebhaber in aller Welt und in ihrer Heimat von Neuem erobert, nachdem ihr zu Beginn des 20. Jahrhunderts die Perserkatze kurzfristig den Rang abgelaufen hatte. Ihre Körpergröße, ihr wildkatzenartiges Aussehen und der freundliche, offene Charakter haben sie zum Star auf zahlreichen Ausstellungen und zu einer der beliebtesten Langhaarkatzen überhaupt gemacht.

Maine Coon Brown Tabby mit Weiß

Geschichten und Legenden: Nach einer Legende ist die Maine Coon das Produkt der unmöglichen Liebe zwischen einem Waschbären (engl. *Racoon*) und einer Wildkatze aus den Wäldern von Maine. Eine andere durchaus einleuchtende, allerdings weitgehend angezweifelte Hypothese stellt sie als Abkömmling der auf den Wikingerschiffen eingeführten Norwegischen Waldkatzen dar. Nach einer anderen Legende stammen sie alle von der Lieblingskatze der französischen Königin Marie Antoinette ab. Sie soll das Tier nach Amerika geschickt haben, um es vor der Zerstörungswut während der Französischen Revolution zu schützen.

Maine Coon Brown Tabby mit Weiß

Maine Coon Silver Tabby

Moderne Geschichte: Mit Sicherheit zählen zu den Vorfahren der Maine Coon die im 17. Jahrhundert aus Asien und Europa eingeführten Katzen. Die Selektion der Rasse erfolgte allerdings weitaus später und es ist denkbar, dass sie aus der gezielten Verpaarung von American Shorthair und Langhaarkatzen des Angora-Typs hervorging. Durch das kühle, regnerische Klima erfolgte auch eine natürliche Selektion: Große Katzen mit dichtem, langem Fell hatten einen deutlichen Vorteil gegenüber den zarteren, weniger üppig behaarten Exemplaren.

Maine Coon Brown Tabby Blotched

Immerhin gibt es in ihrer Heimat, dem Bundesstaat Maine im Nordosten der Vereinigten Staaten an der kanadischen Grenze, reichlich Nadelwälder, von der Atlantikküste dringt hohe Luftfeuchtigkeit und viel Niederschlag ein. Schon Ende des 19. Jahrhunderts war die Rasse dort weitverbreitet. Bei der ersten Katzenausstellung in New York 1860 war die Maine Coon am zahlreichsten vertreten. Als jedoch zu Beginn des 20. Jahrhunderts der spektakuläre Perser eingeführt wurde, verringerte sich die Anzahl der Maine Coon in den Zuchtpopulationen. In den Sechzigerjahren konnte sie die Gunst der Richter und des Publikums zurückerobern und wurde 1967 von der Canadian Cat Association anerkannt, wenig später auch von der TICA und der CFA, der Standard wurde ratifiziert. Die Rasse verbreitete sich erst ab 1978 mit den ersten Exporten über Großbritannien nach Europa. Dort wurde die Maine Coon zum ersten Mal 1984 offiziell vorgestellt. Heute sieht man sie regelmäßig auf den großen Katzenschauen in ganz Europa. 1985 hat der Staat Maine die Rasse zur offiziellen „amerikanischen Nationalkatze" ernannt.

Maine Coon Brown Tabby Blotched mit Weiß

Standard: Die Silhouette dieser Edelkatze ist rechteckig, die Beine sind lang und kräftig, der Knochenbau ist robust und die gesamte Statur wirkt mächtig und solide. Der Kopf ist groß, die Nase quadratisch, das Kinn ist kräftig ausgebildet und endet mit dem Nasenspiegel in einer Linie. Das Profil ist länglich und nur ganz leicht konkav, die Wangenknochen sind hoch und kräftig, die großen Ohren werden aufrecht getragen und sind ähnlich wie beim Luchs an der Spitze mit Haarbüscheln besetzt. Die Augen sind groß und ausdrucksvoll, oval, aber nicht mandelförmig. Alle Augenfarben sind zulässig, Blau allerdings nur bei weißen Exemplaren. Besonders die Männchen haben einen kräftigen Hals, mittellange Beine und breite, runde Pfoten mit Haarbüscheln zwischen den Zehen. Der Schwanz ist gleich

Maine Coon Brown Tabby Blotched

lang wie der Körper mit langem, dichtem, fließendem Haar und wird beim Gehen hoch getragen. Das Fell ist dicht und voll, am Kopf, an den Schultern und an den Pfoten kurz, am Rücken und an den Flanken länger. An den Hinterbeinen bilden die langen Haare die sogenannten Knickerbockerhosen. Die Maine Coon trägt eine deutliche Halskrause, das gesamte Fell wirkt seidig und fließend, die Unterwolle ist weich und fein, das Deckhaar dick und glänzend.

Charakter: Die Maine Coon hat einen ausgeglichenen, offenen, freundlichen Charakter. Sie ist mäßig lautfreudig, hat aber eine ganz charakteristische Stimme mit spitzen Vokalen, die an ein Trillern erinnern. Sie ist sehr selbstständig und sucht beim Schlafen nicht den Kontakt anderer im Haus lebender Katzen. Sie sucht sich gerne hoch gelegene Plätze aus, damit sie ihr Territorium überblicken kann. Sie spielt viel allein und schätzt häufige Gesellschaft von Fremden nicht sehr, besonders wenn sie laut und zahlreich sind. In diesem Fall zieht sie sich an einen hoch gelegenen Ort zurück und bleibt dort, bis die Störenfriede das Feld räumen. Manche Exemplare sind besonders scheu. Eventuell besteht ein Zusammenhang mit der Farbe, braune Tabbys sind zutraulicher, ebenso Jungtiere.

Maine Coon Red Tabby Blotched

Trotz ihrer imposanten Körpergröße ist die Maine Coon nicht aggressiv und passt sich gut an das Zusammenleben mit anderen Tieren an, einen Hund im Haus schätzt sie allerdings nicht immer, sie geht ihm lieber aus dem Weg. Wer sie sanft und liebevoll behandelt, dem begegnet sie zärtlich und zutraulich, besonders von den Mitgliedern der Familie lässt sie sich gerne liebkosen. Sie ist ein guter Jäger und ein noch besserer Kletterer und liebt das Herumstreifen im Garten, allerdings sollte sie von Anfang an daran gewöhnt sein.

Pflege: Die Maine Coon ist eine robuste Katze und hat im Allgemeinen keine gesundheitlichen Probleme. Sie ist mit ihrem dichten Fell auch gut gegen Kälte und Zugluft geschützt, ihr buschiger Schwanz umhüllt sie beim Schlafen wie ein warmer Mantel. Da das Fell regelmäßig gebürstet werden muss, sollte man die Maine Coon bereits als Kätzchen daran gewöhnen.

Maine Coon Tortie Tabby Blotched

Diese Rasse wächst sehr langsam, erst mit vier Jahren ist sie voll entwickelt. Weibchen sind kleiner als Männchen, bringen aber dennoch bis zu 9 kg auf die Waage, Männchen können sogar 13 kg schwer werden.

Farben: Alle Farben außer denen, die auf Kreuzung mit anderen Rassen hinweisen, wie Point, Chocolate, Cinnamon, Fawn und Birma-Markierungen, sind zugelassen. Am beliebtesten ist Brown Tabby, aber es gibt auch zahlreiche andere verdünnte und solide Farbschläge wie Blue, Red, Cream, Tabby Blotched, Mackerel und Spotted in den angegebenen Farben, Silver Tabby und alle diese Farben mit Weiß. Außerdem sind Tortie, Tricolour, Chinchilla, Silver Smoke, Shell Cameo, Shaded Cameo, Black Smoke, Blue Smoke und Tortie Smoke zugelassen. Das erste registrierte Exemplar war ein schwarz-weißer Kater 1961. Der Weißanteil darf bei jedem Farbschlag beliebig hoch sein.

Maine Coon Black Smoke

Sibirische Waldkatze

Typ
Semi-Foreign

Ursprungsgebiet
Sibirien

Ursprungszeit
17. Jahrhundert

Nationalität
USA

Offizielle Anerkennung
1996

Temperament
unabhängig, mäßig aktiv, territorial

Halblanges Haar

Die Sibirische Waldkatze ist von imposanter Statur und Größe und hat eine deutlich wildkatzenhafte Ausstrahlung. Die Rasse wird erst seit den letzten Jahrzehnten selektiert und bewahrt so noch einige der ursprünglichen Charakteristika, die das Leben im rauen Klima ihres Ursprungslandes auf dem Wege der natürlichen Auslese begünstigt hat. Im familiären Zusammenleben ist sie ein unaufdringlicher, freundlicher Gefährte.

Frühe Geschichte: In ihrem Ursprungsland Sibirien entwickelte diese Katze durch die Anpassung an die dortigen Lebensbedingungen ähnliche Charakteristika wie ihre Artgenossen Maine Coon und Norwegische Waldkatze: imposante Körpergröße, langes, dichtes Fell, mit dicken Haarbüscheln besetzte Pfoten und einen langen, besonders dicht und üppig behaarten Schwanz. Studien haben ergeben, dass die Mutation mit langem Haar zuerst in den am weitesten nördlich gelegenen Gebieten erschienen ist, man trifft sie besonders häufig in der Gegend von St. Petersburg an. Damit scheint festzustehen, dass die Sibirische Waldkatze nicht wie die anderen langhaarigen Rassen von der Angorakatze aus der Türkei abstammt. Die einzige historische Beschreibung dieser Katzenrasse stammt aus dem Jahr 1925. In der Enzyklopädie *Brehms Tierleben* ist eine rote Katze aus Sibirien namens „Tobolsker" beschrieben. Sie ist groß und kräftig, hat langes Haar und wird als „kaukasische Langhaarkatze" klassifiziert.

Sibirische Waldkatze Brown Tabby mit Weiß

Moderne Geschichte: 1989 entdeckten zwei passionierte Katzenliebhaber aus Ostdeutschland, Hans und Betti Schultz, diese Rasse auf einem Tiermarkt in Moskau und brachten einige Exemplare aus St. Petersburg mit. 1988 kamen einige Tiere im Rahmen eines Kulturaustauschprogrammes auch nach Amerika. Elisabeth Terrel, eine auf Colourpoint-Perser spezialisierte Züchterin, setzte sich mit Nellie Sachuk, Mitglied des *Kotofei Club* in St. Petersburg in Verbindung und erhielt einige Exemplare im Austausch gegen einige Perserkatzen aus ihrer Zucht. Neun 15 Wochen alte Kätzchen kamen schließlich in Louisiana in den USA an, einige Zeit zuvor hatte David Boehm 15 Katzen nach New Jersey importiert. 1996 erkannte die FIFe die Rasse an. Die relativ kurze Geschichte dieser Rasse in den westlichen Ländern ist der Grund für die vergleichsweise kurzen Stammbäume der Tiere.

Sibirische Waldkatze Brown mit Weiß

Standard: Die Sibirische Waldkatze ist mittelgroß, kräftig, muskulös und hat einen kurzen, dreieckigen, gut mit dem robusten Körper harmonierenden Kopf. Die Nase ist lang und gewölbt ohne Stopp. Die Länge der Nase entspricht dem doppelten Abstand zwischen den Augen. Die Wangen sind voll mit gewölbten Schnurrhaarkissen, das Kinn ist kräftig, aber nicht vorstehend. Die Ohren sind mittelgroß, dickwandig und an der Basis breit mit üppigen Haarbüscheln und werden leicht nach vorne gewölbt getragen. Die Augen sind groß, oval, weit geöffnet und amberfarben oder grün in allen Schattierungen. Der Körper ist eher lang gestreckt, nicht besonders hoch mit kräftigen Beinen. Die Pfoten sind rund, breit und robust mit deutlich sichtbaren Haarbüscheln zwischen den Zehen. Der Hals ist kurz und muskulös, der Schwanz lang, an der Basis breit und gleichmäßig mit dichtem, langem Fell bedeckt. Das Fell ist um die Halskrause besonders lang, auch an der Brust und an den Beinen (Knickerbockerhosen), um die Schultern kürzer. Am Rücken ist es sehr dicht und glänzend, an den Flanken etwas feiner, aber immer noch dicht. Im Sommer ist so gut wie keine Unterwolle vorhanden, im Winter ist sie sehr fein.

Charakter: Die Sibirische Waldkatze hat immer noch ein sehr natürliches, eher eigenwilliges Temperament und ist deshalb als Wohnungs- und Familienkatze weniger geeignet. Sie ist aktiv, mäßig lautfreudig und braucht keine übermäßige Zuwendung. Im Zusammenleben ist sie zutraulich und

Sibirische Waldkatze Blue mit Weiß

gesellig, unaufdringlich und sehr selbstständig. Fremde beäugt sie sehr reserviert, plötzliche laute Geräusche schätzt sie nicht und reagiert mit Fauchen. Sie neigt dazu, ihr Territorium zu verteidigen und wurde deshalb von den Siedlern oft als „Wachkatze" eingesetzt. Die moderne Zucht hat sich zum Ziel gesetzt, einen sanfteren Charakter zu selektieren. Die Kätzchen müssen auf jeden Fall von Anfang an mit viel Zuwendung und Zärtlichkeit an den Menschen gewöhnt werden. Sie ist ein ausgezeichneter Jäger und bewegt sich gerne im Freien, daher sollte man ihr unbedingt Bewegungsfreiheit im Grünen bieten.

Pflege: Diese robuste, starke und langlebige Katze braucht außer für ihr langes Fell keine besondere Pflege. Die Kätzchen müssen unbedingt von klein auf an das Kämmen gewöhnt werden. Einmal pro Woche genügt, zur Zeit des Fellwechsels sollten die abgestorbenen Haare öfters entfernt werden, damit sich keine Knoten in der feinen Unterwolle bilden.

Farben: Alle Farben sind zulässig, auch Weiß, die Tabby-Zeichnung ist weitverbreitet. Die natürliche Farbe der Sibirischen Waldkatze ist Golden Tabby, einfarbige Exemplare sind eher selten. Farbschläge, die offensichtlich auf Kreuzungen mit anderen Rassen zurückzuführen sind, wie Lilac, Chocolate oder Colourpoint, werden ausgeschlossen.

Türkisch Van

Der spezielle Farbschlag der Türkisch Van wird auch bei anderen Rassen selektiert und nach dem „Original“ als Van bezeichnet. Neben dem strahlend weißen Fell mit den typischen Markierungen in Cream oder Red – nach einer Legende die Fingerabdrücke Allahs – besticht diese Edelkatze auch durch eine besonders würdevolle Haltung und einen starken, aber geselligen und freundlichen Charakter.

Typ
Semi-Foreign

Ursprungsgebiet
Van-See, Türkei

Ursprungszeit
17. Jahrhundert

Nationalität
Großbritannien

Offizielle Anerkennung
1969

Temperament
sehr aktiv, lautfreudig, verspielt, liebt das Wasser

Halblanges Haar

Frühe Geschichte: Der Name dieser Katzenrasse leitet sich vom gleichnamigen See in der Türkei ab. Die Edelkatze stammt auch tatsächlich aus der Gegend rund um den Van-See im Nordosten des Landes, nahe der Grenze zum Iran. Die geografische Isolierung im begrenzten Gebiet um den See begünstigte die Fixierung der besonderen Charakteristika, durch die sich die Van deutlich von der Angora unterscheidet. Im rauen Klima kamen offenbar Exemplare mit halblangem Haar ohne Angst vor dem Wasser besonders gut zurecht. Diese Katzen lebten jahrhundertelang in dem Gebiet rund um den See, sind jedoch heute dort nicht mehr so häufig anzutreffen. In den Zwanzigerjahren erlangten sie größere Popularität: Der damalige Präsident der türkischen Republik, Kemal Atatürk, hatte eine Van zu seiner Lieblingkatze erkoren.

Moderne Geschichte: Die ersten Exemplare dieser Rasse kamen schon Ende des 19. Jahrhunderts nach Europa, doch es sollte noch bis in die Fünfzigerjahre dauern, bis das erste Zuchtprogramm in Angriff genommen wurde. Die englische Fotografin und Katzenliebhaberin Laura Lushington brachte einige dieser Katzen von einer Türkeireise mit und begann zusammen mit ihrer Freundin, der Züchterin Sonta Halliday, diese Rasse zu selektieren. 1969 wurde die Türkisch Van vom britischen Verband anerkannt, 1971 schließlich auch von der FIFe. In einigen europäischen Ländern ist diese Edelkatze immer noch selten.

Türkisch Van Red

Standard: Die Türkisch Van hat einen robusten Körperbau mit kräftigem, lang gestrecktem Körper. Der Kopf ist dreieckig, die Nase weist einen leichten Stopp auf. Die Ohren sind groß und spitz, der Abstand zwischen ihnen ist breiter als die Basis des Ohransatzes. Die Augen sind groß, mandelförmig, bernsteinfarben oder verschiedenfarbig. Die langen Beine sind gut zum Körper proportioniert, der mittellange Schwanz ist mit dichtem Fell besetzt. Beim Männchen ist die Brust ebenso breit wie der Kopf, der Körper wird nach hinten hin schmäler, Weibchen sind etwas zarter gebaut. Nasenspiegel und Fußballen sind rosa, das Fell ist fließend und glatt, charakteristisch sind die Halskrause, die Knickerbockerhosen und das am Bauch fast doppelt so lange Haar wie am Rumpf.

Charakter: Diese Edelkatze hat einen starken Charakter und eine ausgeprägte Persönlichkeit. Sie besitzt eine melodische, kräftige Stimme, von der sie gerne Gebrauch macht. Sie ist aktiv, nicht scheu, aber Fremden gegenüber manchmal reserviert. Sie lässt sich zwar hochnehmen, bleibt aber nicht lange ruhig im Arm oder auf dem Schoß der betreffenden Person liegen. Sie sucht die Gesellschaft der Familienangehörigen, ist gesellig und auch als erwachsenes Tier noch verspielt. Die Männchen haben einen stolzen, durch die breiten Schultern fast prahlerisch wirkenden Gang, der Schwanz wird hoch getragen und ist ständig in Bewegung. Die Türkisch Van ist ein ausgezeichneter Jäger und hat eine kuriose Vorliebe für das Wasser. Sie sollte genügend Bewegungsfreiheit und Zugang zum Garten haben.

Pflege: Wie alle Katzen mit halblangem und langem Haar muss die Türkisch Van regelmäßig gebürstet werden, zur Zeit des Fellwechsels häufiger. Das weiße Fell sollte einmal im Monat bei einem Bad gründlich sauber gewaschen werden. Da die Van das Wasser liebt, sollte diese Prozedur keine Probleme bereiten. Allgemein ist das Fell pflegeleicht, es weist keine dicke Unterwolle auf.

Türkisch Van Red

Farben: Der Körper ist weiß mit den typischen orangeroten oder cremefarbenen Markierungen dieser Rasse. Zwei Flecken sitzen auf der Stirn am Ansatz der Ohren, der Schwanz ist ebenfalls farbig markiert. Die Flecken auf dem Kopf werden in der Mitte durch eine weiße „Flamme" getrennt. Kleine farbige Markierungen auf dem Körper in geringer Anzahl sind erlaubt. Der Beiname „Van" dient gleichzeitig als Bezeichnung für diesen Farbschlag und existiert auch bei anderen Rassen. Manche Verbände erkennen auch Schwarz, Tortie, Blue-Cream und Blue mit oder ohne Tabby-Zeichnung an. Die Tortie-Varietät wird auch „Harlekin" genannt.

Türkisch Angora

Höchstwahrscheinlich stammen alle modernen Rassen mit langem Haar von der Türkisch Angora ab. Das für dieses Merkmal verantwortliche Gen soll vor über 500 Jahren in der Türkei erstmals in Erscheinung getreten sein und sich von dort auf dem Seeweg über die ganze Welt ausgebreitet haben.

Frühe Geschichte: Die ersten langhaarigen Katzen tauchten in Europa im 17. Jahrhundert auf, als die Entdecker und Kaufleute aus dem Nahen und Mittleren Osten einige Exemplare mitbrachten. Der Naturforscher Pietro Della Valle kehrte 1626 von einer langen Orientreise zurück und brachte eine schlanke weiße Katze mit langem, seidigem Fell als Andenken mit. Diese Mutation soll ursprünglich in der Gegend um Ankara erstmals vorgekommen sein, daher bezieht die Rasse ihren Namen: Im Griechischen wird der Name der türkischen Hauptstadt „Angora" ausgesprochen. 1860 beschreibt der deutsche Zoologe Alfred Edmund Brehm diese Edelkatze als „eine der schönsten heutzutage bekannten Katzen von großer Statur und mit langem, weichem, reinweißem Fell".

Moderne Geschichte: Im 19. Jahrhundert gelangte die Angorakatze nach England, wo sich ihr Aussehen durch die Selektionsprogramme der britischen Züchter grundlegend wandeln sollte: Der Perser entstand. Sein rasanter Aufstieg zur Nummer eins unter den Edelkatzen ging allerdings Hand in Hand mit dem Abstieg der Angora. Auf den Ausstellungen im ausgehenden 19. Jahrhundert, wie etwa 1889, war sie noch vertreten, Anfang des 20. Jahrhunderts allerdings war sie von der europäischen Szene verschwunden. Nach dem Zweiten Weltkrieg existierten nur noch einige Exemplare in den Zoos von Ankara und Istanbul. 1954 gelang es einer amerikanischen Züchterin namens Lyn Peirce, ein Weibchen aus dem Zoo von Istanbul nach Amerika zu bringen. In den folgenden Jahren wuchs die

Typ
Semi-Foreign

Ursprungsgebiet
Türkei

Ursprungszeit
17. Jahrhundert

Nationalität
Türkei, USA

Offizielle Anerkennung
1973

Temperament
gesellig, lautfreudig, willensstark

Halblanges Haar

Türkisch Angora Red Tabby Blotched

Türkisch Angora Weiß mit amberfarbenen Augen

Population auf einige Exemplare an und sie begann ein Zuchtprogramm unter dem Titel „Lenlyn". Nach ihrem Tod nahm sich Elaine Gesel der Katzen an und führte das Programm unter dem Namen „No Ruz" weiter. Katzen aus diesen Linien findet man heute noch im Stammbaum der Angora auf der ganzen Welt. 1973 wurde die weiße Angora von der CFA *(Cat Fancier's Association,* dem größten amerikanischen Verband, der 1904 gegründet wurde*)* anerkannt. Die Organisation registrierte damals nur Nachkommen der Exemplare aus den türkischen Zoos. Seit 1978 werden auch andere Farben anerkannt.

In Europa erkannte die FIFe die weiße Angora 1989 an, andere Farbschläge sind erst seit 1993 zugelassen. In Großbritannien wurde wegen des schwierigen Imports nach dem Zweiten Weltkrieg ein Zuchtprogramm mit Kreuzungen zwischen orientalischen und langhaarigen Rassen ins Leben gerufen. Der Standard ist der des GCCF *(Governing Council of the Cat Fancy*, gegründet 1910*)* und weicht in einigen Punkten vom Standard der CFA ab, der allgemein in Gebrauch ist. Besonders häufig sieht man immer noch weiße Angorakatzen.

Standard: Die Angora unterscheidet sich von der Orientalin besonders durch den runderen Kopf und die kleineren Ohren. Sie ist mittelgroß, wobei die Männchen deutlich größer sind als die Weibchen, sie können bis zu doppelt so schwer sein. Die Weibchen haben einen schlankeren, lang gestreckten Körper und sind auch aktiver. Der Kopf ist klein bis mittelgroß und leicht keilförmig, bei Männchen sind etwas vollere Wangen zulässig. Die Ohren sind lang, spitz und hoch am Kopf angesetzt, an den Spitzen sitzen Haarbüschel. Die Augen sind groß und mandelförmig, alle Farben sind zugelassen. Der Hals ist weder zu lang noch zu kurz, der Knochenbau eher feingliedrig, die Hinterbeine sind etwas länger als die Vorderbeine mit kleinen, runden Pfoten. Der Schwanz ist lang und buschig, das Haar ist halblang und bildet um den Hals eine Krause und an den Schenkeln die sogenannten Knickerbockerhosen. Das Fell ist dicht, fein und glänzend ohne dicke Unterwolle.

Charakter: Die Türkisch Angora schätzt die Gesellschaft anderer Tiere und Menschen. Sie kann sehr sensibel sein und braucht daher einen erfahrenen und toleranten Besitzer, der ihre Eigenwilligkeit akzeptiert und ihr unaufdringlich seine Aufmerksamkeit zuwendet, wenn sie danach verlangt. Man kann sie einige Stunden allein lassen, sollte sich jedoch jeden Tag eine gewisse Zeit mit ihr beschäftigen oder ein zweites Weibchen oder ein Pärchen aufnehmen. Sie ist sehr lautfreudig und „spricht" besonders gerne mit Menschen, die Stimme ist von mittlerer Intensität, kann aber fordernd und eindringlich werden, wenn die Katze etwas Bestimmtes will. Die Türkisch Angora kann gut mit Kindern zusammenleben, sofern sie das Kleinkindalter überschritten haben und man die Katze von Anfang an daran gewöhnt hat. Das Weibchen ist aktiver und auch aggressiver. Da sie einen ausgeprägten Bewegungsdrang besitzt, sollte sie unbedingt Zugang zu einem Garten oder der freien Natur haben. Sie sucht sich gerne erhöhte Plätze und liebt Spiele, bei denen sie laufen und Gegenständen hinterherjagen kann. Bei weißen Ausstellungskatzen kann es ratsam sein, die Schönheitspflege einem Spezialisten anzuvertrauen.

Türkisch Angora Weiß mit blauen Augen

Türkisch Angora Weiß mit amberfarbenen Augen

Pflege: Das Fell muss regelmäßig gekämmt und gebürstet werden, während des Fellwechsels häufiger. Da die Angora keine Unterwolle besitzt, ist die Fellpflege relativ einfach. Im Sommer hat sie ein deutlich dünneres Fell. Bei dieser robusten Edelkatze gibt es keine besonderen gesundheitlichen Risiken, auch die Zucht bereitet normalerweise keine Probleme. In manchen Linien gibt es Anomalien des Gehörs, doch die Zucht versucht, diese Problematik zu bekämpfen. Wichtig ist auch die regelmäßige Kontrolle des Zahnfleisches und der Zähne, insbesondere auf Zahnstein.

Farben: Der Standard sieht für die Angora die Farben Schwarz, Weiß, Blue, Cream, Red, Black Smoke, Blue Smoke, Tabby Mackerel und Blotched, Silver Tabby, Red Tabby, Brown Tabby, Blue Tabby, Cream Tabby, Tortie, Tortie Blue-Cream und Tricolour vor. Jeder andere Farbschlag ist ebenfalls zulässig, sofern er nicht auf Kreuzungen mit anderen Rassen hinweist wie Chocolate, Lilac, Colourpoint oder eine dieser Farben mit Weiß. Die traditionelle Farbe ist Weiß mit ungleicher Augenfarbe, man nennt sie auch „Ankara Kedi".

Somali

Die langhaarige Version der Abessinier wirkt vom Erscheinungsbild her spektakulärer als die kurzhaarige. Doch eben dieses lange Haar bereitet den Züchtern einige Probleme, Farbe und Muster sind schwer zu selektieren. Bei den Somali verteilt sich das Ticking auf eine größere Haarlänge als beim Abessinier und fällt daher nicht so sauber und deutlich aus wie bei Letzterem, besonders in helleren Farben wie Sorrell, Fawn und Blue.

Moderne Geschichte: Das sporadische Erscheinen langhaariger Kätzchen unter der Nachkommenschaft der Abessinier wurde zunächst für eine spontane Mutation gehalten, ist jedoch eher darauf zurückzuführen, dass zur Stärkung der Blutlinien in der Vergangenheit immer wieder Exemplare anderer Rassen mit langem Haar eingekreuzt wurden. Nach den beiden Weltkriegen gab es nämlich nur noch wenige Abessinier, was einen erhöhten Risikofaktor in Bezug auf Inzuchtschäden darstellte. Die langhaarigen, „fehlerhaften" Kätzchen wurden zunächst sterilisiert und verschenkt, erregten jedoch bald die Aufmerksamkeit einiger Züchter. Als Pionierin der Abessinier-Zucht gilt Evelyn Mague. Sie arbeitete ehrenamtlich in einem Katzenheim in New Jersey und entdeckte dort eines Tages „George", einen Kater, der wie ein Abessinier aussah, aber halblanges Haar hatte. Sie fand bald heraus, dass er eine Kreuzung mit eben diesen Abessinieren darstellte, die sie gerade züchtete. Der Kater gefiel ihr so gut, dass sie ihn in ein Zuchtprogramm aufnahm, aus dem 1972 der erste Wurf mit Kätzchen hervorging, die ganz und gar der Morphologie des Abessiniers entsprachen, aber halblanges Haar hatten. Als Anspielung auf den wahrscheinlich afrikanischen Ursprung dieser Katzen nannte sie die Rasse „Somali". 1975 wurde in den USA der erste Züchterverband gegründet, der *Cat Fancier's Association International Somali Cat Club.* 1978 wurde die Somali von der

Typ
Semi-Foreign/ Orientalisch

Ursprungsgebiet
USA

Ursprungszeit
1972

Nationalität
USA

Offizielle Anerkennung
1978

Varietäten
kurzhaarig: Abessinier

Temperament
aktiv, lautfreudig, hoher Bedarf an Zuwendung

Halblanges Haar

Somali Sorrel

CFA als Rasse anerkannt, 1979 folgte die Zulassung zu den Ausstellungen. Nach Europa kam die Somali 1977, zunächst hielt sie in Deutschland Einzug. In den folgenden Jahren wurden einige Exemplare nach Frankreich exportiert und bald verbreitete sie sich in ganz Europa. In Großbritannien wurde die Somali 1983 anerkannt und 1991 zu den Meisterschaften zugelassen, die FIFe nahm sie 1982 in die offizielle Liste auf.

Standard: Der Körper ist mäßig lang gestreckt, elegant und muskulös. Der Kopf ist keilförmig mit abgerundeten Umrissen, die Nase mittellang und nicht zu spitz. Die Ohren sind groß und stehen weit auseinander, die Spitze ist leicht abgerundet. Die Augen sind groß, mandelförmig, stehen schräg zum Nasenbein und können amberfarben, gelb oder grün sein. Die Beine sind lang, die hinteren etwas länger als die vorderen. Der lange Schwanz ist das spektakulärste Charakteristikum dieser Edelkatze, er ist mit dichtem, langem Fell besetzt und wird hoch oder über den Rücken gebogen getragen. Das Fell ist mittellang, weich, glänzend und besonders dicht.

Charakter: Die Somali hat ein ähnliches Temperament wie die Abessinier, sie ist aktiv und beobachtet aufmerksam, was um sie herum vorgeht. Sie ist mäßig lautfreudig und drückt ihre Zuneigung zu ihrem Besitzer durch einen erhöhten Bedarf an Zuwendung aus.

Somali Sorrel

Unter einem Wurf Abessinier-Kätzchen kann immer einmal eine Somali dabei sein – vorausgesetzt, dass beide Eltern Träger des Gens für langes Haar sind.

Somali Ruddy

Die größten Schwierigkeiten für die Züchter stellten bei der Somali die Farbintensität und die Qualität des Ticking (die Bänderung der einzelnen Haare in verschiedenen Farben) dar. Beim Kätzchen ist das Ticking noch nicht voll ausgeprägt, erst mit einem Jahr hat sich die definitive Fellfarbe entwickelt.

Sie liebt Körperkontakt und ist auch im ausgewachsenen Alter noch verspielt. Ihr extrovertiertes, neugieriges und geselliges Temperament erleichtert die Anpassung an neue Situationen, auf Besucher und Fremde geht sie offen und freundlich zu. Sie lebt gerne mit anderen Tieren zusammen und baut eine enge Beziehung zu ihnen auf, wenn sie von den Menschen tagsüber öfters allein gelassen wird. Sie trägt ihren prächtigen Schwanz hoch und demonstriert damit ihre Geselligkeit. Wie alle Katzen mit orientalischem Einschlag ist sie sehr gelehrig, hört auf Zuruf und apportiert Spielsachen. Außerdem ist sie nicht wasserscheu.
Wenn sie ausreichend Platz zur Verfügung hat und man sich genügend mit ihr beschäftigt, kann sie gut in der Wohnung leben, einen Zugang zum Garten schätzt sie allerdings sehr.

Pflege: Das Fell der Somali hat keine Unterwolle und verfilzt deshalb nicht. Dennoch sollte sie einmal wöchentlich gebürstet werden, vor allem der schöne Schwanz will gepflegt sein, bei Katzen, die sich auch im Freien aufhalten, wird man ihn entsprechend häufiger kämmen.

Farben: Klassisch ist die „Häschenfarbe“ Ruddy, auch Sorrel, Fawn und alle diese Farben in der Variante Silver sind geschätzt. Jedes einzelne Haar weist eine Bänderung mit drei oder mehr Streifen auf. Die Farbe muss gleichmäßig über den Körper verteilt sein, dunkle Flecken oder Ringe sind nicht erwünscht.

Somali Fawn

Somali Sorrel

- **Ruddy:** Dunkelbraun mit intensiv orangebrauner Wurzel und schwarzem Ticking. Brust, Schenkelinnenseite und Schwanzwurzelunterseite sind intensiv orangebraun gefärbt, die Schwanzspitze ist schwarz, die Fußballen sind ebenfalls schwarz oder Seal. Der Nasenspiegel ist ziegelrot und schwarz oder braun gerändert.
- **Blue:** Intensiv blaugraues Haar, dunkel stahlgrau getickt. Das Unterhaar ist cremerosa, ebenso wie Brust, Schenkelinnenseite und Schwanzwurzelunterseite. Der Nasenspiegel ist dunkelrot und dunkelgrau gerändert, die Fußballen sind blaugrau.
- **Sorrel:** Warmer Kupfer-Grundton, dunkel rotbraun (Cinnamon) getickt, Brust, Schenkelinnenseite und Schwanzwurzelunterseite warm apricotfarben. Schwanzspitze und Nasenspiegel ziegelrot, Fußballen rosé-braun.
- **Fawn:** Warme Cremefarbe, in intensiverem Cremeton getickt. Rosa Nasenspiegel mit dunklem Rand.

Alle diese Farben werden auch als Silver-Version anerkannt, dabei ist das Haar silbrig weiß und in Ruddy, Blue, Sorrel oder Fawn getickt.

Balinese Chocolate Point

Balinese

Typ	Orientalisch
Ursprungsgebiet	USA
Ursprungszeit	1940
Nationalität	USA
Offizielle Anerkennung	1963
Varietäten	mit kurzem Haar: Siam
Temperament	hoher Bedarf an Zuwendung, sehr lautfreudig und lebhaft
Halblanges Haar	

Der Name dieser Rasse vergleicht die Eleganz der Bewegung dieser Katzen mit der Grazie der anmutigen Tänzerinnen auf der Insel Bali. Mit ihrer Herkunft hat der Name der Balinese wenig zu tun, die Rasse wurde Ende der Fünfzigerjahre in den USA selektiert. Man kann von der Balinese auch als Langhaarvariante der Siam sprechen, tatsächlich zeigt sie dieselbe lang gestreckte Körperform und den starken, extrovertierten Charakter wie ihre kurzhaarige Verwandte.

Moderne Geschichte: Die ersten Siamkatzen mit längerem Haar tauchten in den USA in den späten Vierzigern auf. Die Kätzchen glichen ihren kurzhaarigen Artgenossen in allem, nur die Markierungen an Pfoten, Ohren, Nase und Schwanzspitze fielen etwas dunkler aus. Der Rumpf war hell elfenbeinfarben, die Statur damals noch nicht so extrem schlank wie heute. Die Balinese hat blaue Augen und halblanges Fell ohne Unterwolle. Das Auftauchen der längeren Haare geht wahrscheinlich auf Kreuzungen mit Angorakatzen zu Beginn des 20. Jahrhunderts zurück. Zuerst wurden diese „fehlerhaften“ Exemplare aussortiert, das heißt sterilisiert und an Freunde und Bekannte verschenkt, doch bald kamen einige Züchter auf die Idee, sie als neue Rasse zu betrachten. Zu den Pionieren zählen die Züchterinnen Helen Smith und Marion Dorsey aus Kalifornien. Gegen Ende der Fünfzigerjahre entdeckte die leidenschaftliche Katzenfreundin und Katzenschau-Richterin Sylvia Holland in einer Katzenpension ein Siam-Kätzchen mit halblangem Haar. Es ist „Raimar's Sputnik“, ein Kätzchen aus dem Wurf des ersten Balinesenpaars von Marion Dorsey. Aufgrund der positiven Zuchtergebnisse wurde ein Standard verfasst,

Balinese Lilac Point

1963 wurde die Rasse schließlich offiziell von der CFA anerkannt. In Großbritannien ging die Balinese aus einem Programm hervor, das ursprünglich auf die Rückzucht der Angora abzielte. Wegen der häufigeren Einkreuzung langhaariger Rassen haben die englischen Balinesen ein üppigeres Fell.

Die ersten Exemplare wurden 1970 nach Europa importiert, 1983 erfolgte die offizielle Anerkennung der Rasse durch die FIFe.

Standard: Das Erscheinungsbild der Balinese gleicht dem der Siam, sie hat einen schlanken, lang gestreckten, muskulösen Körper. Der Kopf ist mittelgroß und bildet ein gleichseitiges Dreieck von der Nase bis zu den Ohrspitzen mit geraden Linien ohne Pinch. Das Profil ist leicht konvex ohne Stopp. Die Ohren sind groß, an der Basis breit und stehen weit auseinander.

Die Augen sind mandelförmig, intensiv blau und schräg gestellt. Der Hals ist lang und sehr schlank. Die Beine sind lang und ebenfalls sehr schlank mit kleinen ovalen Pfoten. Der Schwanz ist lang und dünn mit schmal

Balinese Chocolate Point

Junge Balinesen

auslaufender Spitze. Das Fell ist fein, glänzend und seidig und liegt dicht am Körper an, um den Hals, an den Oberschenkeln und am Schwanz ist es etwas dichter, die Unterwolle fehlt.

Charakter: Die Balinese hat von der Siam auch den eigenwilligen, extrovertierten, sensiblen und lautfreudigen Charakter geerbt. Wenn sie Aufmerksamkeit erregen will, miaut sie zunächst halblaut, kann aber ziemlich laut und bestimmt werden, wenn sie nicht gleich bekommt, was sie will. Sie ist gut als Wohnungskatze geeignet, doch sie benötigt viel Zuwendung und Körperkontakt. Sie hat ein heiteres, verspieltes Wesen, neigt allerdings zu dominantem, besitzergreifendem Verhalten und braucht eine konsequente Erziehung, damit sie sich nicht zum kleinen „Haustyrannen" entwickelt. Sie entfaltet eine zärtliche Zuneigung zu den Hausbewohnern und nimmt aktiv am Familienleben teil. Mit zunehmendem Alter wird sie etwas ruhiger, bleibt aber das ganze Leben aktiv und hat keine Angst vor Fremden oder vor unbekannten Geräuschen.

Pflege: Das weiche, halblange Fell ohne Unterwolle bereitet beim Kämmen keinerlei Probleme. Gegen Temperaturunterschiede und Kälte ist sie allerdings empfindlich und sollte daher besser in der Wohnung gehalten werden. In der kalten Jahreszeit wird das Fell der Halskrause dichter und sollte häufiger gebürstet werden, damit sich keine Knoten bilden. Wie bei den anderen orientalischen Rassen sollte man auch bei der Balinese verstärkt auf nicht zu reichliche Ernährung achten, damit die Katze ihre schlanke Silhouette behält. Wie bereits erwähnt, ist es sehr wichtig, der Balinese im Austausch für ihre Zuneigung genügend Aufmerksamkeit und Zuwendung zu geben.

Farben: Alle bei der Siam zulässigen Farbschläge sind erlaubt. In den USA werden wie bei der Siam nur vier anerkannt: Blue Point, Chocolate Point, Lilac Point und Seal Point. Andere Farbschläge nennt man dort Javanese.

Exotic

Typ
Cobby

Ursprungsgebiet
USA

Ursprungszeit
1950

Nationalität
USA

Offizielle Anerkennung
1967

Varietäten
mit langem Haar: Perser

Temperament
mäßig aktiv, gesellig, kaum aggressiv

Kurzhaar

Exotic Blue

Die in den Sechzigerjahren in den USA entstandene Exotic vereint das rundlich drollige, bärchenartige Erscheinungsbild mit einem besonders ruhigen, für das Leben als Wohnungskatze geeigneten Charakter. Vom Perser unterscheidet sie sich einzig und allein durch die Haarlänge.

Moderne Geschichte: Wenn im Wurf einer Langhaarkatze ein kurzhaariges Kätzchen auftaucht oder umgekehrt, dann wird das meistens als „Betriebsunfall" durch ungewollte oder beabsichtigte Einkreuzung anderer Rassen angesehen. Manchmal jedoch gelingt es einem dieser „aus der Art schlagenden" Kätzchen gerade wegen seines besonderen Aussehens das Herz eines Züchters oder einer Züchterin zu erobern und nicht selten steht eine solche Geschichte am Anfang einer Karriere als eigene Rasse.

Exotic Tortie mit Weiß

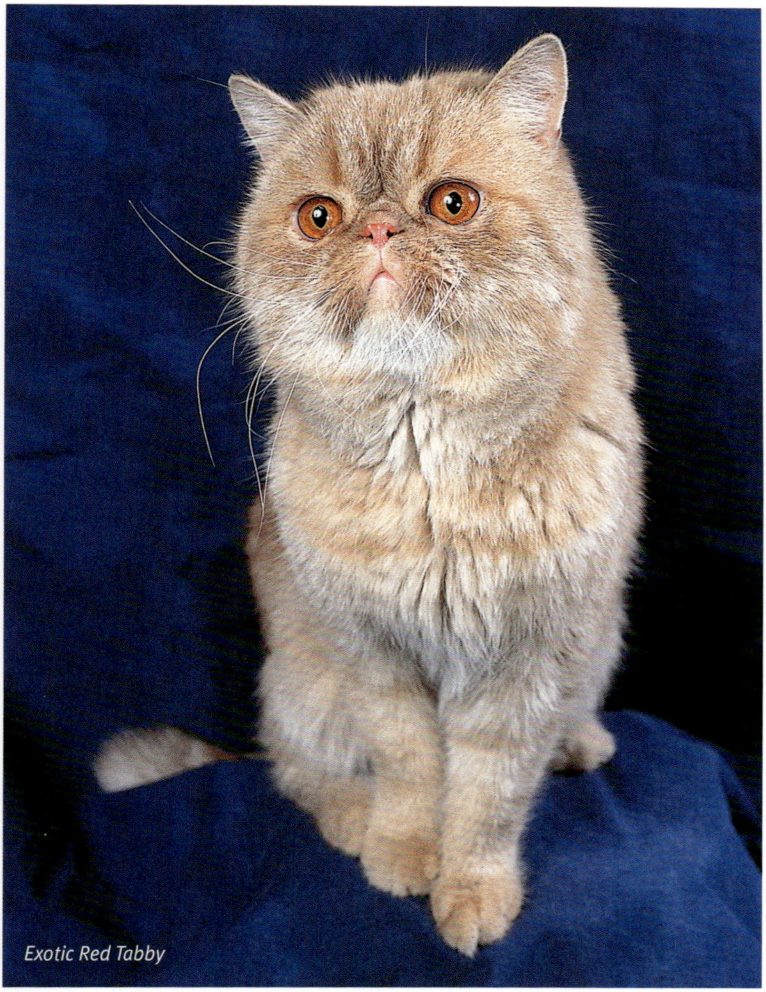

Exotic Red Tabby

So geschah es auch im Fall der Exotic oder Exotic Shorthair. Die schicksalhafte Begegnung fand zu Beginn der Fünfzigerjahre statt. Die Amerikanerin Carolyn Bussey arbeitete gerade an einem Selektionsprogramm, das einen Perser in der Farbe Chocolate zum Ziel hatte. Die Verpaarung von Persern mit Burmesen erzielte zwar nicht den gewünschten Erfolg, doch die kleinen, kurzhaarigen „Bärchen" gefielen der Züchterin so gut, dass sie das Programm weiterführte. Anderen Quellen zufolge soll die Exotic aus dem Bestreben hervorgegangen sein, den Typ der American Shorthair durch Einkreuzung von Persern kräftiger zu gestalten. In den Fünfziger- und Sechzigerjahren führte die zunehmende Verbreitung dieser Kreuzung beinahe zum Verschwinden der ursprünglichen Charakteristika der American Shorthair, was die CFA dazu veranlasste, mit Hilfe der Spezialistin Jean Martinke eine eigene Klasse für die American-Perser-Kreuzungen zu schaffen. In Anlehnung an die Abstammung vom Perser nannte man die neue Rasse „Exotic". Die Rasse wurde 1967 anerkannt, in 30 Jahren gezielter Selektion hat die Exotic die typischen Charakteristika des Persers – bis auf die Haarlänge – wieder angenommen. In Europa tauchten die ersten Exemplare in den Achtzigerjahren auf, die FIFe erkannte die Rasse 1984 an.

Exotic Weiß mit kupferfarbenen Augen

Heute sind die Charakteristika gut in der Population fixiert, gezielte Einkreuzungen von Persern sind immer noch erlaubt, um die Morphologie sowie die dichte Fellstruktur zu erhalten. Kreuzungen mit anderen Rassen sind nicht zulässig.

Standard: Der Standard ist bis auf das Fell derselbe wie bei den Persern. Die Exotic ist mittelgroß und kompakt mit kurzen Beinen, breiter Brust, kräftigem, muskulösem Rücken und ebensolchen Schultern. Der Kopf ist groß und kräftig mit breiter Stirn und vollen Wangen sowie kurzer, breiter, aber nicht stumpfer Nase. Der Stopp ist ausgeprägt und muss oberhalb des unteren Randes der Augen enden, darf aber nicht über den oberen Augenrand reichen. Das Kinn ist kräftig, die Ohren sind klein mit abgerundeter Spitze, seitlich angesetzt und eher kurz. Die Augen sind groß, rund, weit geöffnet und stehen weit auseinander, die Farbe harmoniert mit dem Fell. Die Beine sind kurz und kräftig mit großen, runden Pfoten und Haarbüscheln zwischen den Zehen. Der Schwanz ist kurz mit leicht abgerundeter

Exotic Colourpoint Cream

Spitze ohne Krümmung und wird tiefer als das Rückgrat getragen. Das Fell ist kurz, sehr dicht und plüschig, durch die dichte Unterwolle steht es vom Körper ab. Das Haar ist etwas länger als bei der British.

Pflege: Obwohl die Exotic nicht so langes Haar hat wie die Perserkatze, benötigt sie dennoch regelmäßige, sorgfältige Pflege. Besonders auf die Augen sollte man achten, auch die Körperfalten sind empfindliche Stellen. Das dichte Fell muss häufig gebürstet werden. Beim Fellwechsel haart die Exotic mehr als andere kurzhaarige Rassen. Bei der Geburt sollte eine Exotic-Katze nicht allein sein, denn wegen des großen Kopfes der Kätzchen kann es manchmal zu Problemen kommen.

Charakter: Das Temperament der Kurzhaarkatzen ist unterschiedlich und hängt mit der Statur zusammen. Die größeren Cobby-Typen sind meist ausgeglichener, stiller und weitaus weniger aktiv. Das andere Extrem sind die schlanken orientalischen Rassen wie Siam und Abessinier, sie sind äußerst lebendig, sehr lautfreudig, aktiv, sensibel und brauchen viel Zuwendung. Der sogenannte Semi-Foreign-Typ liegt dazwischen und weist weniger extrem ausgeprägte

Exotic Colourpoint Blue Tortie

Charaktereigenschaften auf. Die Exotic gehört offensichtlich zur ersten Gruppe. Sie ist eine besonders ruhige Katze, wenn auch etwas aktiver als der Perser, ist kaum aggressiv, gesellig und niemals aufdringlich. Körperkontakt schätzt sie mehr als der Perser, gerne ruht sie sich auf dem Schoß der Familienangehörigen aus und lässt sich streicheln, ist Fremden gegenüber offen und spielt auch gerne mit Kindern. Sie ist gut als Wohnungskatze geeignet, ist ein Garten vorhanden, kann sie sich ohne Probleme auch dort aufhalten. Sie lebt problemlos mit anderen Tieren zusammen, sofern ihr Bedürfnis nach Ruhe nicht gestört wird. Wenn man ihr täglich ein wenig Zeit widmet, kann man sie auch stundenlang allein lassen. Die Jungtiere sind deutlich weniger aktiv als bei anderen Rassen.

Exotic Mackerel Tabby

Exotic Red Tabby

Exotic Tortie Tabby

Exotic Tabby Mackerel

Exotic Brown Mackerel Tabby mit Weiß

Farben: Alle auch beim Perser zugelassenen Farbschläge werden anerkannt. Durch das kurze, dichte Fell kommen die Tabby-Muster besser zur Geltung als beim langhaarigen Perser, auch zweifarbige und dreifarbige Muster sehen weniger verwischt aus. Dafür wirken die schattierten Farben wie Chinchilla, Silver und Smoke weniger spektakulär. Die Colourpoint-Muster dagegen sind bei der Exotic deutlicher ausgeprägt, erreichen durch das abstehende Haar aber nicht dieselbe Ausdruckskraft wie bei der Siam.

Exotic Blue Mackerel Tabby

British

Typ
Cobby

Ursprungsgebiet
Großbritannien

Ursprungszeit
19. Jahrhundert

Nationalität
Großbritannien

Offizielle Anerkennung
1871

Varietäten
mit langem Haar: Perser

Temperament
ruhig, ausgeglichen, reserviert

Kurzhaar

Diese Katze mit der kräftigen Statur, dem kurzen, dichten Fell und dem großen, runden Kopf verkörpert den Cobby-Typ perfekt. Die British ist die vollkommene Hauskatze, sie benötigt nicht viel Pflege und ist zutraulich und anschmiegsam, ohne je aufdringlich oder fordernd zu werden. Die Rasse wurde in Großbritannien ab Anfang des 19. Jahrhunderts gezüchtet. In ihrer Ahnenreihe befinden sich wahrscheinlich Katzen, die auf den Schiffen der römischen Legionäre die Küste Britanniens erreichten. Ihre Nachkommen bewohnen seit Jahrhunderten die Britischen Inseln.

British Red

Frühe Geschichte: Im Gefolge der Römer eroberten die Katzen Nordeuropa und die Vorposten des Imperium Romanum. Bereits Mitte des 4. Jahrhunderts n. Chr. gab es Hauskatzen auf den Britischen Inseln, das beweisen einige Funde in alten römischen Siedlungen in Südengland. Bis zum 13. Jahrhundert führten die Katzen auf den Britischen Inseln ein geruhsames Leben. 936 n. Chr. erließ der Prinz von Wales, Howell der Gute, einige Gesetze zum Schutz der Katzen. In den Texten wurden auch die Charakteristika und Qualitäten einer guten Hauskatze angeführt: klare Augen, scharfes

British Chocolate

Gehör, makellose Zähne, gerader Schwanz und scharfe Krallen. Während des gesamten Mittelalters und darüber hinaus bis ins 18. Jahrhundert hinein wurden die Katzen jedoch erbarmungslos verfolgt und als Verbündete des Bösen verunglimpft. Erst im 19. Jahrhundert entdeckte die Bevölkerung von Großbritannien ihre Liebe zur Samtpfote neu. Die Briten waren die Ersten, die mit der Zucht von neuen Katzenrassen begannen.

Moderne Geschichte: Die Rasse British oder British Shorthair wird seit dem 19. Jahrhundert selektiert. Die Basis für die Zucht bildeten die besten Vertreter der bereits seit Jahrhunderten dort vorhandenen Population. In dieser langen Zeit hatten sich die Katzen perfekt an das dort herrschende Klima angepasst. So war die British bereits bei der ersten Katzenausstellung im Londoner Crystal Palace am 13. März 1871 vertreten. Zunächst wurden die einfarbigen Varianten, speziell in der Farbe Blue, anerkannt und geschätzt. Unter den gewöhnlichen Hauskatzen sieht man häufig Tabbys, meist in der wahrscheinlich schon im 18. Jahrhundert in Großbritannien aufgetretenen Variante Blotched. Zweifarbige British sind weniger verbreitet, daran mag auch der strenge Standard schuld sein, der eine exakte Farbverteilung erfordert: Das Weiß darf nur ein Drittel bis die Hälfte des Körpers bedecken und muss symmetrisch angeordnet sein.

British Lilac

Das allgemeine Erscheinungsbild der British erinnert an die Europäerin. Die Unterschiede werden vor allem bei den Pfoten deutlich, auch der kürzere Schwanz, der große, runde Kopf mit der kurzen Nase und der breiten Stirn sind typisch für die British.

British Schwarz

British Blue

Die Begeisterung für die „Nationalrasse" British klang im 19. Jahrhundert ab, da sich die Züchter nun für exotische Rassen wie Perser und Siam interessierten. Auch die beiden Weltkriege warfen die Entwicklung der Rasse und der Population weit zurück, nach 1945 gab es nur noch einige wenige Exemplare. In den Fünfzigerjahren wurden die British mit Persern verpaart, um eine kräftigere Statur zu erzielen und die genetische Vielfalt in den wenigen vorhandenen Blutlinien aufzufrischen. Daraus resultiert ein insgesamt eher massiger Körperbau, ein dichteres Fell, ein runder Kopf und eine rundlichere Silhouette – kurz: eine deutlichere Ausprägung des Cobby-Typs.

Standard: Mittelgroße, muskulöse Katze mit kräftigen Schultern und breitem Rücken. Der Kopf ist groß und rund mit breiter Stirn und vollen Wangen. Die Nase ist kurz, breit und gerade mit deutlichem Stopp. Die Augen sind groß, rund, weit geöffnet, stehen weit auseinander und sind intensiv kupferfarben, bei den Silver-Varianten grün. Die Ohren sind klein und abgerundet. Der Hals ist kräftig und kurz, die Brust tief und der Rücken kurz und flach. Die Pfoten sind breit und kurz, der Schwanz ist mittellang, an der Spitze abgerundet und dicht behaart.

Charakter: Die Einkreuzung von Persern hat neben dem allgemeinen Erscheinungsbild auch den Charakter dieser Katze erheblich beeinflusst. Die British ist eine ruhige, anschmiegsame, gesellige und zutrauliche Katze.

British Tortie

Sie ist kaum aggressiv und sehr selbstständig, niemals aufdringlich oder zu vorwitzig. Sie liebt es nicht, gegen ihren Willen liebkost oder herumgetragen zu werden. Sie kann gut einige Zeit allein bleiben und in einer Wohnung leben, obwohl sie Bewegungsfreiheit und frische Luft sehr schätzt. Sie passt sich mühelos an jedes Klima an. Sie akzeptiert die Gegenwart anderer Katzen und ist Kindern gegenüber nicht aggressiv, aber auch nicht scheu. Bei den Colourpoint-Farbschlägen ist das Temperament durch die Einkreuzung der Siam etwas aktiver und lautfreudiger, im Vergleich zu den Orientalen aber immer noch sehr ruhig und reserviert.

Farben: Es werden zahlreiche Farben anerkannt, darunter natürlich die traditionellen Solid- oder Self-Farbschläge Schwarz, Weiß mit blauen, kupferfarbenen oder ungleichen Augen, Blue, Red, Cream, Lilac, Chocolate und bei der Bicolour-Variante alle diese Farben mit Weiß. Häufig sind auch Tabbys in den Varianten Mackerel, Blotched und Spotted sowie die schattierten Farben und Tortie in Schwarz-Rot oder Blue-Cream, auch mit Weiß. Die traditionellen Solid-Farben haben auch heute noch größeren Erfolg als Tabbys, als besonders gefragt gilt Blue und wird deshalb von vielen Züchtern bevorzugt. 1980 begannen einige Züchter mit der Einkreuzung von Siamesen, damit wurde auch der Farbschlag Colourpoint in diese Rasse eingebracht. Die Augen sind in diesem Fall blau. Die Colourpoint-Varianten wurden 1991 in Großbritannien anerkannt.

British Bicolour Cream Tabby mit Weiß

Bei dieser Rasse besteht ein besonders deutlicher Größenunterschied zwischen Männchen und Weibchen: Kater können das Doppelte an Gewicht auf die Waage bringen wie Kätzinnen.

Kartäuser

Typ
Cobby

Ursprungsgebiet
Syrien, Mittlerer Osten

Ursprungszeit
17. Jahrhundert

Nationalität
Frankreich

Offizielle Anerkennung
1871

Varietäten
mit langem Haar: Perser

Temperament
ausgeglichen, selbstständig

Kurzhaar

Die Kartäuser zählen zu den wenigen Katzenrassen, deren Ursprünge weiter zurückreichen als bis ins vergangene Jahrhundert und sie gehören damit zu den Urahnen aller modernen Edelkatzen. Man spricht in diesem Fall auch von „natürlichen" Rassen, um sie von den gezielten Züchtungen der modernen Zeit zu unterscheiden, denn sie haben sich in einem bestimmten geografischen Raum ohne bewusstes Eingreifen des Menschen entwickelt. Die wohl berühmteste „blaue" Katze wird seit dem 19. Jahrhundert nach modernen Kriterien gezüchtet, ist aber heutzutage immer noch selten und gilt als äußerst kostbar.

Frühe Geschichte: Das sogenannte „blaue" Fell – eigentlich eine spezielle Art von Grau – ist die verdünnte Form von Schwarz. Zum ersten Mal trat diese Mutation vermutlich im Mittleren Osten, in Syrien und im asiatischen Steppenland auf und wurde auf dem Seeweg in Europa eingeführt. Diese Art verbreitete sich vor allem in Frankreich auf den Bretonischen Inseln, in den Waldgebieten der Normandie sowie in der Gegend um Paris und wurde daher im 16. Jahrhundert unter dem Namen „Französisch Blau" bekannt. Im 18. Jahrhundert wurde sie im *Sistema Naturae* von Linné und in der berühmten *Histoire Naturelle* des Naturforschers George Louis Buffon erwähnt, er klassifizierte sie als *Felis catus coeruleus,* blaue Hauskatze. Die erste Erwähnung geht auf das Jahr 1723 zurück, als Savary des Bruslon die

Kartäuser

Die Kartäuser zählen zusammen mit den Maine Coon zu den größten Hauskatzen. Besonders das Männchen ist kräftig bemuskelt und kann oft über 7 kg wiegen. Das Weibchen ist etwas kleiner und feingliedriger, aber ebenfalls kräftig.

Definition einer Hauskatze mit blaugrauem Fell in sein *Dictionnaire universel du Commerce, d'Histoire naturelle et des Arts et Métiers* aufnahm. Durch das besonders schöne Fell wird die Kartäuserkatze bis zum 19. Jahrhundert auch immer wieder als Pelztier genutzt. Nicht von ungefähr rührt der Name dieser auch als Chartreux bezeichneten Katzenrasse nicht etwa von den gleichnamigen Mönchen her, sondern von einer ganz besonders feinen Wolle aus Spanien, der „Pile des Chartreux", die man Anfang des 18. Jahrhunderts in Frankreich besonders schätzte – so zumindest schreibt es die Schriftstellerin Jean Simonnet in ihrem Buch *Le Chat des Chartreux*.

Moderne Geschichte: Schon Ende des 19. Jahrhunderts nahm die Kartäuserkatze an Katzenausstellungen in Großbritannien teil, doch nicht als eigene Rasse. Sie wird zusammen mit anderen „blauen" Katzen mit ähnlichen Charakteristika ausgestellt. Erst in der Zwischenkriegszeit begannen die Schwestern Christine und Suzanne Léger mit der Zucht, sie entdeckten einige Exemplare auf der Insel Belle Île vor der nordwestlichen Küste der Bretagne (Frankreich). Schon im nächsten Jahr trug die Arbeit der beiden Schwestern Früchte: „Mignonne de Guerveur", ein Kätzchen aus ihrer Zucht, gewann den Gesamtpreis bei der Katzenausstellung 1931 in Paris. Durch den Zweiten Weltkrieg erlitt die Zucht einen erneuten Rückschlag, die Population ist beinahe vom Aussterben bedroht. Um sie zu retten, wurden in den folgenden Jahren Perser und British Blue eingekreuzt, was zur Folge hatte, dass die ursprünglichen Charakteristika der Kartäuser fast völlig verschwanden. In den Siebzigerjahren fasste die FIFe darum die Standards für Kartäuser und British Blue zusammen. Erst 1977 bekam die Kartäuser dank der Erfolge einiger Züchter in den USA wieder einen eigenen Standard. Zur Rekonstruktion der reinen Rasse werden auch nach Frankreich Exemplare aus den amerikanischen Zuchtpopulationen importiert.

Wer eine graublaue Katze besitzt, hört sicherlich häufig von anderen, dies müsse eine Kartäuser sein, in Wirklichkeit ist diese Rasse aber eher selten. Eine echte Kartäuserkatze erkennt man an der Falte über den Lippen – dem sogenannten Pinch –, durch die ihr Gesicht immer zu lächeln scheint, den bernstein- bis kupferfarbenen Augen, dem dichten Fell und der leisen Stimme.

Standard: Kräftige, mittelgroße, muskulöse Katze mit kräftigen Schultern und tiefer Brust. Der Kopf ist groß, rundlich, aber nicht kugelrund, mit kräftiger Kieferpartie und vollen Wangen, besonders bei den Männchen. Die Nase ist mittellang und gerade, das Kinn ist kräftig ausgebildet und endet in einer Linie mit der Nasenspitze. Die Augen sind groß, rund, stehen weit auseinander und leuchten kupfer- bis goldfarben, ein intensiver Orangeton wird besonders geschätzt. Die Ohren sind mittelgroß und setzen hoch am Kopf an. Der Knochenbau ist kräftig, der Hals kurz und muskulös. Der Schwanz ist mittellang, die Beine sind gut zum Körper proportioniert, nicht zu lang, aber kräftig und muskulös. Die Pfoten sind breit und rund. Das Fell ist dicht und glänzend mit dicker Unterwolle, die Farbe ist gleichmäßig bläulich hellgrau. Die Haare stehen leicht vom Körper ab, das Fell wirkt dadurch noch üppiger.

Charakter: Am auffälligsten am Charakter der Kartäuserkatze ist ihre ausgeglichene Gelassenheit. Sie ist nicht aufdringlich, aber auch nicht scheu, mäßig aktiv und wenig lautfreudig. Diese gelehrige und anschmiegsame Katze kann sich Fremden gegenüber manchmal scheu und distanziert zeigen. Sie hat keinen besonders hohen Bedarf an Zuwendung und kann gut auch einige Zeit allein bleiben. Immer zeigt sie einen starken Charakter und schätzt es zum Beispiel nicht, gegen ihren Willen hochgehoben zu werden. Sie kann gut mit anderen Katzen zusammenleben und schließt gerne Freundschaften mit Artgenossen. Je nachdem, ob eine oder mehrere Katzen vorhanden sind, wird dieser Umstand auch Einfluss auf ihr Verhalten dem Menschen gegenüber haben: Allein mit ihrem zweibeinigen Gefährten ist sie mehr um seine Gesellschaft und seine Aufmerksamkeit bemüht, wenn Artgenossen vorhanden sind, beschäftigt sie sich lieber mit diesen. Die Kätzchen reifen langsam heran und sind sehr lebhaft, erst mit 9 bis 12 Monaten ändert sich das Temperament allmählich. Kartäuser sind kaum aggressiv, wie bei vielen Rassen ist auch hier das Männchen ruhiger und lässt sich gerne streicheln und liebkosen, während das Weibchen aktiver und unabhängiger ist. Eine Kartäuserkatze kann man in der Wohnung halten, doch sie schätzt es sehr, wenn sie freien Zugang zum Garten hat.

Pflege: Das dichte Fell erfordert keine besonders aufwendige Pflege, nur zur Zeit des Fellwechsels sollte man öfters bürsten. Der einzige Schwachpunkt dieser sehr robusten Rasse sind die Zähne, man sollte sie daher häufig auf Zahnstein untersuchen. Wer eine Kartäuserkatze aufnehmen möchte, sollte ihr Bedürnfis nach Unabhängigkeit und Freiraum respektieren und sie nicht mit zu vielen unaufgeforderten Zärtlichkeitsbezeugungen überschütten. Wie alle sehr großen Katzen wächst sie langsam, Männchen sind oft erst mit drei Jahren ausgewachsen.

Farben: Den speziellen Ton ihrer graublauen Fellfarbe hat die Kartäuser nur mit der Russisch Blau und der Korat gemeinsam, obwohl es auch bei anderen Rassen die Variante Blue gibt. Das Blau der Kartäuser ist eigentlich ein gleichmäßiges Grau ohne Spuren anderer Farben. Haut, Nasenspiegel, Lippen und Fußballen müssen ebenfalls blau gefärbt sein. Das Blau ist eine Variante des Schwarz, eine Mutation durch das Allel „d" (*diluited,* verdünnt), das die Pigmentverteilung auf dem Einzelhaar steuert und die Farbe sozusagen verwässert. Je stärker das Schwarz bei der Kartäuser verdünnt ist, umso wertvoller ist die Katze. Alle Blautöne sind zugelassen; Schattierungen, Streifen, Flecken, Haarbüschel, ja sogar Einzelhaare in anderen Farben sind jedoch ausgeschlossen. Bei manchen Kätzchen sind noch Ringe am Schwanz oder einzelne dunkle Streifen als sogenannte „Geisterzeichnung" sichtbar, sie verschwinden jedoch im Laufe des ersten Lebensjahres. Das Fell hat erst nach dem zweiten oder dritten Fellwechsel seine definitive Struktur entwickelt.

Kartäuser

Manx

Typ
Cobby

Ursprungsgebiet
Großbritannien, Isle of Man

Ursprungszeit
17. Jahrhundert

Nationalität
Großbritannien

Offizielle Anerkennung
1900

Varietäten
mit halblangem Haar: Cymric

Temperament
ausgeglichen, wenig aggressiv, zutraulich

Kurzhaar

Die Schwanzlosigkeit ist – ebenso wie gewelltes Haar oder Faltohren – eine spontan bei der Hauskatze aufgetretene Mutation. Oft wäre es jedoch wohl bei einer einmaligen „Laune der Natur" geblieben, hätte der Mensch nicht eingegriffen und gerade dieses besondere Merkmal gezielt selektiert. Im Falle der Manx hat sich die Mutation jedoch natürlich in der Population festgesetzt und wurde erst in zweiter Linie vom Menschen durch Züchtung erhalten und verbreitet. Die schwanzlosen Katzen sind der ganze Stolz der Bewohner der Isle of Man, sie haben „ihre" Katze sogar auf einem Münzbild verewigen lassen.

Geschichten und Legenden: Nach einer Legende war die Manx das letzte Tier, das an Bord der Arche Noah ging. In der Eile schloss Noah die Luke, ohne darauf zu achten, dass der Nachzügler noch nicht vollständig eingestiegen war. So blieb der Schwanz draußen und seither sind alle Manx-Katzen schwanzlos. Eine andere Legende erklärt den Verlust des Schwanzes mit den Grausamkeiten der Soldaten Philipps II. von Spanien, die es sich zur Gewohnheit gemacht hatten, Katzen den Schwanz abzuhacken und damit ihre Helme zu schmücken. Um ihren Kindern diese Demütigung zu ersparen, biss eine Katzenmutter allen ihren Jungen gleich nach der Geburt die Schwänzchen ab. Nach einer anderen Geschichte sind die Manx Nachkommen der Katzen, die den Untergang einer spanischen Galeone 1588 überlebt und die vor der britischen Westküste gelegene Insel Man schwimmend erreicht hatten.

Moderne Geschichte: Die Manx ist das Symbol der Isle of Man. Auf dieser britischen Insel zwischen Irland und Wales gibt es bereits seit mehr als 400 Jahren schwanzlose Katzen. Dieses besondere Merkmal ist Folge einer Mutation, die sich in der kleinen Population durch geografische Isolierung verbreiten und festsetzen konnte. Erst Ende des 19. Jahrhunderts überwand die Manx die Grenzen der Insel. Als die englischen Züchter die schwanzlose Katze entdeckten, begannen sie gleich mit der gezielten Züchtung. 1900 wurde das erste Exemplar auf einer Katzenschau ausgestellt und 1901 in Großbritannien der erste Manx-Züchterverband gegründet. In den Dreißigerjahren erreichte die Manx auch die USA, wo sie bald mehr Erfolg hatte als in Europa, denn in einigen Ländern der Alten Welt wie etwa in Schweden wurde die Rasse nicht anerkannt: Der fehlende Schwanz gilt als schwerer genetischer Defekt. Tatsächlich benötigt der Züchter bei dieser Rasse fundierte genetische Kenntnisse, denn bei Verpaarung zweier schwanzloser Katzen kann die Nachkommenschaft gravierende Missbildungen aufweisen. Zum Ausgleich kreuzen die Züchter immer wieder andere Rassen wie British oder Europäisch in die Blutlinien ein, da sich so das Risiko gespaltener oder verwachsener Wirbel im letzten Trakt der Wirbelsäule erheblich verringern lässt.

Standard: Die mittelgroße Manx hat eine kräftige Statur und wirkt im Erscheinungsbild gedrungen und muskulös. Neben dem fehlenden Schwanz ist das auffälligste Merkmal die runde Silhouette. Der Kopf ist rund und etwas länger als breit, im Profil erkennt man einen leichten Stopp und die abgerundete Stirn. Die Nase ist kräftig, die Wangen sind voll und rund. Die Ohren sind mittelgroß, ebenfalls leicht abgerundet und stehen weit auseinander, die Augen sind groß und rund mit leichter Schrägstellung, die Farbe harmoniert mit dem Fell. Der Hals ist kurz und dick, die Beine kräftig, die Vorderbeine sind kürzer als die Hinterbeine. Das Hinterteil ist breit, rund und höher als die Schultern, die Flanken sind breiter als bei jeder anderen Rasse, wodurch der Gesamteindruck noch

„runder“ wird. Durch die längeren Hinterbeine hat die Manx oft einen hoppelnden Gang, der in den Vereinigten Staaten als Fehler angesehen wird. Die Pfoten sind breit und rund, die Farbe der Fußballen entspricht der Fellfarbe. Der Schwanz fehlt, ein knorpeliger oder knochiger Stummel ist kein Fehler, doch er darf die Hand beim Streicheln nicht aufhalten. Das Fell ist mittellang und durch das lange Deckhaar und das dichte, kurze Unterhaar sehr weich.

Manx Weiß mit ungleichen Augen

In den Vereinigten Staaten ist eine Langhaarversion der Manx entstanden, die Cymric. Der fehlende Schwanz ist jedoch nicht das einzige typische Merkmal der Manx, auch die runde Kopfform und der kurze, gedrungene Körperbau sind charakteristisch.

Charakter: Die Manx hat ein ausgeglichenes Wesen und ist mäßig aktiv. Im Haus richtet sie kaum je Schäden an und kann auch einige Stunden allein gelassen werden, sie toleriert die Anwesenheit anderer Tiere. Sie ist wenig aggressiv, zutraulich und anschmiegsam, jedoch nicht aufdringlich. Sie ist mäßig lautfreudig und schätzt die Gesellschaft von Menschen. Sie kann gut in einer Wohnung gehalten werden, streift aber auch gerne immer wieder im Garten herum. Diese robuste und langlebige Katze ist zwar wenig bekannt, doch ein angenehmer und pflegeleichter Gefährte für den Menschen.

Pflege: Das Fehlen des Schwanzes scheint dieser langlebigen Katze weder beim Halten des Gleichgewichts noch bei der Kommunikation mit Artgenossen irgendwelche Probleme zu bereiten. Bei Verpaarung zweier Manx kann es bei homozygoten (MM) Exemplaren zu embryonaler Fehlentwicklung und erhöhter Sterblichkeit der Föten kommen, auch bei monozygoten Exemplaren (Mm) besteht ein Risiko hinsichtlich Anomalien des Knochenbaus.

Farben: Alle Farben außer denen, die auf Kreuzung mit anderen Rassen hinweisen wie Colourpoint, Lilac, Chocolate oder diese Kombinationen mit Weiß sind zugelassen. Am bekanntesten sind Weiß, Schwarz, Blue, Red und Cream, aber auch schattierte Farbschläge wie Chinchilla, Silver Shaded, Silver Tabby und Smoke mit Tipping in den zulässigen Farben sind beliebt. Außerdem gibt es Bicolour, Tricolour, Tortie in Schwarz-Rot oder Blue-Cream sowie diese Farben mit Weiß, aber auch Tabby Mackerel, Spotted und Blotched.

Der Schwanz

Das wichtigste Merkmal dieser Rasse ist der fehlende Schwanz. Die Züchter bevorzugen vollkommen schwanzlose Exemplare, bei denen die Schwanzwirbel überhaupt nicht ausgebildet sind. Diese werden als Rumpy bezeichnet. Bei Ausstellungen spielt dieser Aspekt eine entscheidende Rolle. Die am besten bewerteten Exemplare weisen am Ende der Wirbelsäule, wo der Schwanz ansetzen sollte, eine kleine Eindellung auf. Ist das Steißbein etwas verlängert (bis zu einem Maximum von zwei bis drei Sakralwirbeln), spricht man von Rumpy Riser, sind hingegen ein bis drei Schwanzwirbel von insgesamt maximal 3 cm Länge vorhanden, wird die Katze als Stumpy bezeichnet.

Burmilla

Typ
Semi-Foreign

Ursprungsgebiet
Großbritannien

Ursprungszeit
1981

Nationalität
Großbritannien

Offizielle Anerkennung
1983

Temperament
mäßig aktiv, gesellig, zutraulich, ausgeglichen

Kurzhaar

Die Kunst der Selektion neuer Rassen hat manchmal etwas von einer alchimistischen Geheimwissenschaft: Die Zutaten der Mischung – in diesem Fall die Kreuzungen, die zu einem bestimmten Zuchtziel führen – werden niemandem verraten und manchmal stößt man durch reinen Zufall darauf. Bei der Burmilla lässt allerdings schon der Name erahnen, woraus die wertvolle Mixtur besteht: Eine Burma und ein Chinchilla-Perser stehen am Anfang der Ahnenreihe. Das Resultat kann sich sehen lassen, und die alte Binsenweisheit vom goldenen Mittelweg hat sich hier wohl bewahrheitet.

Moderne Geschichte: Der Name dieser Edelkatze nimmt nicht nur den Ursprung dieser Rasse vorweg, er steht auch am Anfang ihrer Geschichte: Die englische Baronin Miranda von Kirchberg bezeichnete den ersten Wurf aus der Verbindung zwischen einem Chinchilla-Perserkater und einer Burma-Kätzin in der Farbe Lilac sogleich als *distinctly Burmilla.* Die ersten 1981 geborenen Kätzchen stellten eine perfekte Mischung aus den Charakteristika ihrer beiden Elternteile dar. Sie waren mittelgroß, muskulös, mit rundlichem Kopf und hatten nicht allzu kurzes, sehr dichtes Fell in der Farbe Silver Shaded mit fast weißer, dunkel getippter Unterwolle und grüne Augen. Im folgenden Jahr begann die Baronin mit einem gezielten Zuchtprogramm. Mit einem der ersten Jungen, einem Weibchen namens

Burmilla Silver Tabby

In Großbritannien gibt es zwei Züchterverbände, die diese Rasse anerkennen. Die GCCF erkennt die Burmilla aus Kreuzungen von Chinchilla, Burma und manchen anderen Orientalen in allen Farben an, der Burmilla Cat Club ist auf Shaded- und Tipped-Varianten in allen möglichen Farben spezialisiert.

Burmilla Silver Shaded

„Gemma", züchtete das Ehepaar Charles und Therese Clarke mit Hilfe eines Genetikers fünf Generationen von Katzen heran, die der neuen Rasse zum Durchbruch verhalfen.

1983 wurde die Burmilla von der britischen Cat Association anerkannt und hielt offiziell auf den Ausstellungen Einzug. In den USA beschäftigten sich die Züchter erst seit wenigen Jahren mit dieser Rasse, erzielten aber ebenfalls schon schöne Erfolge. Die Anerkennung der FIFe erfolgte 1996.

Standard: Mittelgroße Katze mit kräftigem, aber elegantem Körperbau. Der Kopf ist rundlich mit weit auseinander stehenden Augen und Ohren. Nasenspiegel und Kinn müssen in einer Linie liegen, die Nase weist einen deutlichen Stopp auf. Die Ohren sind mittelgroß, an der Basis breit mit abgerundeter Spitze. Die Augen sind groß, ausdrucksvoll, leicht schräg gestellt und grün, die Augenlider weisen den gleichen Farbton auf wie das Tipping. Zwischen den Augen steht eine dunkle M-Zeichnung, ein Hinweis auf das genetisch vorhandene Tabby-Muster. Die Brust ist rundlich und eher breit, der Rücken gerade. Die Beine laufen nach unten hin schlank zusammen, sind mittellang und kräftig gebaut, die hinteren sind etwas länger als die vorderen. Die Pfoten sind oval mit schwarzen Fußballen, der Schwanz ist mittellang und schmal zulaufend mit Tabby-Ringen und dunkler Spitze. Das prächtige Fell ist kurz, dicht und seidig mit dicker Unterwolle.

Charakter: Die mäßig aktive Burmilla vereint das lebhafte, gesellige Wesen der Burma mit der leicht phlegmatischen Reserviertheit des Persers. Das Temperament dieser Rasse ist so charakteristisch, dass es sogar als Kriterium in den Standard aufgenommen wurde und von den Richtern mit beurteilt wird. Die Katze hat einen mittleren bis erhöhten Bedarf an Zuwendung und sollte daher nicht über längere Zeit allein gelassen werden. Auch Nichtbeachtung, wenn der Besitzer zu Hause ist, toleriert sie schlecht. Sie ist ein anschmiegsames Schoßtier, zutraulich, wenig aggressiv, nicht wasserscheu und sehr lautfreudig. Die Burmilla akzeptiert die Anwesenheit von Hunden in der Regel ohne Probleme. Sie kann in der Wohnung gehalten werden, schätzt aber Bewegungsfreiheit in der Natur und im Garten sehr.

Pflege: Das prächtige Fell der Burmilla sollte einmal pro Woche mit einer Bürste und einem feuchten Waschlappen gepflegt werden, so bleibt es immer sauber und ordentlich.

Farben: Die Grundfarbe ist immer rein silberweiß, das Tipping ist in Silver, Chocolate, Lilac oder auch Red oder Cream zulässig. Getippt ist das Haar aufgrund der Wirkung eines Gens, das die Entwicklung von Pigmenten auf einem bestimmten Abschnitt der Haarlänge hemmt. Die Farbintensität des Tipping ist nicht so wichtig wie seine Gleichmäßigkeit. Sehr helles Tipping wird allerdings nicht geschätzt, da der Kontrast zu schwach wirkt. Oft weisen die Katzen Tabby-Markierungen an Kopf, Beinen und Schwanz auf, sie rühren noch von den vom Ehepaar Clarke selektierten Blutlinien her. Die Tabby-Markierungen sollen sich auf die Extremitäten beschränken und am Körper nicht sichtbar sein.

Burmilla Silver Tabby

Europäer, Europäisch Kurzhaar

Wenn die Ägyptisch Mau die Katze der Pharaonen war, dann muss die Europäisch Kurzhaar wohl die Katze der Römer gewesen sein. Zumindest hat sie sich in ihrem Gefolge im gesamten Mittelmeerraum und in Nordeuropa verbreiten können. Diese mittelgroßen, gut proportionierten Katzen passen sich mühelos an alle möglichen klimatischen Gegebenheiten an und kommen in unzähligen Farben vor.

Frühe Geschichte: Die Europäisch Kurzhaar stammt von den orientalischen Katzen ab, die die Römer zunächst in Italien einführten und dann mit der Expansion des Imperiums auf dem gesamten Kontinent verbreiteten. Im 10. Jahrhundert hatten die Hauskatzen ganz Asien und Europa erobert und waren in manchen Regionen schon ziemlich häufig. Der ursprüngliche Farbschlag war „getigert" oder Tabby in den Varianten Mackerel mit dünnen Streifen, Blotched mit auffälligem Marmormuster oder Spotted mit kleinen Flecken und Tupfen. In den folgenden Jahrhunderten kamen die in Europa lebenden Hauskatzen sicherlich wiederholt mit von fahrenden Händlern auf Schiffen aus dem Orient eingeführten Varietäten in Kontakt. Während des gesamten Mittelalters wurden die Katzen – besonders die schwarzen – in Europa erbarmungslos verfolgt, denn sie galten als Inkarnation des Bösen und Verbündete des Teufels.

Moderne Geschichte: Die englischen und amerikanischen Züchter begannen ihre Selektionsprogramme in der Regel mit Katzen aus Hinterhöfen, Gärten und von der Straße – und daraus entstanden nationale Rassen, die British und die American Shorthair. Auch mit der mittelgroßen Katze mit dem dichten, kurzen Fell in unzähligen verschiedenen Farben und dem manchmal eigenwilligen Charakter, die zu Tausenden die Hinterhöfe, Gassen und ländlichen Gebiete in ganz Europa bevölkerten, verhielt es sich so. Die ersten Exemplare wurden bereits 1871 bei der ersten Katzenausstellung in Großbritannien präsentiert, doch die Zuchtbestrebungen im eigentlichen Sinne setzten erst Anfang des 20. Jahrhunderts sein. 1925 schlug ein Züchter bei einer Vorstandssitzung des britischen Verbandes vor, die Europäisch Kurzhaar als eigene Rasse anzuerkennen. Aus der

Typ
Semi-Foreign/ Cobby

Ursprungsgebiet
Nordeuropa

Ursprungszeit
19. Jahrhundert

Nationalität
Nordeuropa

Offizielle Anerkennung
1982

Temperament
mäßig aktiv, reserviert

Kurzhaar

Europäisch Tortie Tabby Blotched

Europäisch Blue Blotched

großen Population der vorhandenen, einander zwar ähnlichen, aber im Detail oft sehr unterschiedlichen Katzen wählten die Züchter aus den nordeuropäischen Ländern die schönsten Exemplare aus und stellten einen Rassestandard auf. Weil somit am Beginn ihrer Ahnenreihe lauter Individuen aus den raueren Klimazonen Europas standen, ähnelte die Europäisch Kurzhaar mehr dem größeren Typ aus dem Norden als den schlanken, lang gestreckten Tieren aus den mediterranen Gebieten.

Erst Anfang der Achtzigerjahre begann man auch in den Mittelmeerländern mit der Selektion der Europäisch Kurzhaar, die Rasse fand bisher dort jedoch nicht die gebührende Anerkennung, zu sehr ähneln die Tiere den gewöhnlichen Hauskatzen. In Großbritannien wurden erst 1982 ein von der British Shorthair verschiedener Standard geschaffen und Einkreuzungen anderer Rassen ausgeschlossen, wodurch sich die Europäerin deutlicher differenzieren konnte. Die FIFe erkannte die Rasse Anfang der Achtzigerjahre an.

Standard: Mittelgroße, gut proportionierte, robuste, aber nicht stämmige Katze. Der Kopf ist rund, etwas länger als breit, mit gut entwickelten Wangen und geradem Nasenbein. Die Augen sind groß, leicht schräg gestellt und gelb oder grün, bei weißen Exemplaren blau oder ungleich und harmonieren mit der Fellfarbe. Die Ohren sind mittelgroß und stehen weit auseinander. Die Beine sind mittellang und kräftig, das Fell ist kurz, dicht, glänzend und liegt am Körper an, die Unterwolle fehlt.

Die Europäisch Kurzhaar wird manchmal wegen ihrer Ähnlichkeit mit der gewöhnlichen Hauskatze nicht gebührend als Edelkatze gewürdigt, besonders in den mediterranen Ländern. Von den Straßenkatzen unterscheidet sie sich jedoch durch den robusteren Körperbau und das sauberer gezeichnete, dichtere Fell.

Europäisch Blue Cream Blotched

Europäisch Red Blotched

Im Vergleich mit der British ist die Europäisch Kurzhaar weniger stämmig und hat einen längeren Kopf.

Charakter: Die Europäisch ist mäßig aktiv, lautfreudig, etwas scheuer und mitunter auch aggressiver als ihre britischen und amerikanischen Shorthair-Verwandten. Gerade wegen der breiten genetischen Vielfalt in der Zuchtpopulation ist der Charakter der Tiere nicht immer einheitlich, es kommen sehr verschiedene Temperamente vor. In jedem Fall ist die Europäisch Kurzhaar jedoch eine gut an das Leben in der Familie angepasste Katze mit natürlichem, oft sehr selbstständigem Temperament. Sie ist robust, neigt zum Herumstreifen und jagt gerne und erfolgreich Mäuse. Dennoch sucht sie die Gesellschaft ihrer menschlichen Gefährten. Die Kätzchen reifen schnell heran und sind sehr lebhaft. Man kann sie gut in der Wohnung halten und auch einige Stunden am Tag allein lassen, sie brauchten jedoch genügend Bewegungsfreiheit und Platz zum Springen und Spielen.

Pflege: Die reiche genetische Vielfalt an der Basis der Ahnenreihe dieser Rasse sorgt für eine ausgezeichnete Gesundheit. Da es kaum Inzuchtprobleme gibt und die ersten Vertreter dieser Rasse durch Jahrhunderte der natürlichen Auslese im freien Zusammenleben mit dem Menschen gegangen sind, handelt es sich vielleicht um die im Schnitt gesündeste und stärkste aller Edelkatzenrassen. Sie ist resistent gegen Krankheiten, hat bei der Geburt keine Probleme und die Kätzchen entwickeln sich schnell. Für die Fellpflege genügt es, einmal wöchentlich zu bürsten.

Europäisch Red Tabby Mackerel

Farben: Zahlreiche Farben sind zugelassen: Solid, Bicolour, Tricolour, Tabby (Schwarz, Red, Cream, Blue und alle diese Farben in der Silver-Variante) und in den Mustern Mackerel, Blotched und Spotted. Farbschläge, die auf Einkreuzung anderer Rassen hinweisen, wie Chocolate, Lilac und Colourpoint, sind ausgeschlossen.

American Shorthair

Typ
Semi-Foreign/Cobby

Ursprungsgebiet
USA

Ursprungszeit
19. Jahrhundert

Nationalität
USA

Offizielle Anerkennung
1904

Temperament
wenig aggressiv, zutraulich, reserviert

Kurzhaar

Diese von den europäischen Entdeckern und Siedlern auf dem amerikanischen Kontinent eingeführten Katzen haben sich in der Neuen Welt mühelos an die Lebensbedingungen angepasst und sich dort schnell verbreitet. Die große Katzenpopulation Nordamerikas wird heute von einem kräftigen Katzentypus beherrscht, der seine robuste Gesundheit seiner Vergangenheit als Streuner und Wanderer verdankt und seine gesellige, freundliche Natur dem ständigen Kontakt mit den Menschen.

Geschichten und Legenden: Man erzählt sich, Christoph Columbus habe vor dem Aufbruch auf die große Entdeckungsreise ins vermeintliche Indien jedes Segelschiff mit einem Paar Schiffskatzen ausgestattet, die zu den Urahnen der aktuellen Katzenpopulation Amerikas wurden. Dass an dieser Geschichte etwas Wahres sein könnte, bestätigen auch die damaligen Schifffahrtsgesetze, die einige Paragraphen zum Schutze der Schiffskatzen enthielten. Immerhin stellten Mäuse eine ernstliche Bedrohung für Vorräte und Fracht dar und diese Gefahr musste gebannt werden. Man kann also mit einiger Sicherheit davon ausgehen, dass Columbus' Karavellen tatsächlich jeweils mindestens zwei Katzen an Bord hatten, als sie am 12. Oktober 1492 in See stachen. Nach einer anderen Legende über den Ursprung der American Shorthair kamen die Urahnen dieser Katze an Bord der *Mayflower* nach Amerika, die 1620 die ersten englischen Siedler in die Neue Welt brachte.

Moderne Geschichte: Die dokumentierte Geschichte dieser Rasse beginnt jedoch erst im 20. Jahrhundert, als sie ins Stammbuch eingeschrieben wird. Die ersten beiden registrierten Tiere gehörten nicht der großen amerikanischen Population an, sondern stammten aus der „nobleren" britischen Sippe. Anfang des 20. Jahrhunderts erhielt Jane Cathcart eine British Red Tabby als Geschenk. Die Katze wurde regulär von der GCCF registriert und stammte aus der Zucht Kuhnel. Ungeachtet der Tatsache, dass es ein Kater war, lautete der Name des Prachtexemplars „Belle of Bradford", er war die erste Kurzhaarkatze mit Stammbaum, die von der CFA registriert wurde. Auch die zweite Katze ist britischer Abstammung: „Pretty Correct", ein Silver Tabby aus der Zucht von Collingwood, wurde ebenfalls von Jane Cathcart importiert. Erst der dritte Kater, ein Smoke namens „Buster Brown" unbekannter Abstammung, geboren am 15. Januar 1904, war amerikanischer Herkunft. Diese drei Kater stehen am Anfang der Ahnenreihe einer aufstrebenden neuen Rasse, die sich sowohl von der British als auch von der Europäisch Kurzhaar unterscheidet. Zuerst bezeichnete man sie als Domestic Shorthair, ab 1965 dann als American Shorthair. Im Laufe weniger Generationen gelang es den Züchtern, eine große Anzahl verschiedener Farbschläge hervorzubringen, doch erst gegen Ende der Dreißigerjahre wurde die Rasse einigermaßen populär. In den Fünfzigerjahren brachte die CFA einen Züchterkatalog mit 50 Kurzhaarkatzen heraus. Langsam wuchs die Popularität der Rasse, bis sie 1966 zum ersten Mal auf einer Katzenschau in Erscheinung trat. Zur Erhaltung der natürlichen amerikanischen Rasse nehmen die Kommissionen auch Exemplare, die dem Standard entsprechen, deren Eltern aber nicht registriert sind, in die Zuchtbücher auf. Eine solche Katze wurde 1971 sogar von der CFA zur „Schönsten Katze des Jahres" gekürt.

Standard: Mittelgroße bis große Katze, die Männchen sind stämmiger als die Weibchen. Die American hat einen lang gestreckten Körper, der Kopf ist groß und etwas länger als breit. Die Wangen sind voll, die Ohren mittelgroß mit abgerundeter Spitze und stehen weit auseinander. Die Augen sind groß und leicht schräg gestellt, die Farbe variiert je nach Farbschlag. Die Nase ist mittellang mit leichtem Stopp. Die Schnauze ist quadratisch mit langem Oberkiefer und kräftigem Kinn. Der Knochenbau ist kräftig, die Statur muskulös. Der Rücken ist bis zum Hüftbein gerade und fällt zur Schwanzwurzel hin leicht ab. Das Fell ist dicht und besteht aus kurzen, starken Haaren.

American Shorthair

Die American ist größer als die British Shorthair und die Europäisch Kurzhaar, der Kopf ist nicht ganz so rund und die Nase etwas länger.

Charakter: Diese Rasse ist bekannt für ihr ausgeglichenes Gemüt, das gut zur harmonischen Gesamterscheinung passt. Sie ist mäßig aktiv, kaum aggressiv und selten unberechenbar. Sie ist perfekt an ihre Rolle als Haus- und Gesellschaftstier angepasst, versteht sich mit Kindern, akzeptiert Hunde und kann auch gut mit anderen Haustieren zusammenleben. Im Familienverband ist sie wenig lautfreudig und unaufdringlich, selbstständig, aber dennoch gesellig und zutraulich. Sie kann in der Wohnung gehalten werden, glücklicher ist sie aber bestimmt, wenn sie ausreichend Auslauf im Grünen hat. Sie wirkt zwar mitunter etwas träge, ist aber dennoch ein ausgezeichneter Kletterer und Springer.

Pflege: Diese robuste Katze hat keine besonderen Ansprüche, ein Bad dann und wann kann nicht schaden, besonders wenn sie sich auch im Freien aufhält oder an Ausstellungen teilnimmt. Das Fell sollte regelmäßig mit einem Gummistriegel gepflegt werden, besonders zur Zeit des Fellwechsels. Die American ist oft gefräßig, daher ist es sinnvoll, auf nicht allzu reichliche Kalorienzufuhr zu achten.

Farben: Der Standard der CFA lässt ein breites Spektrum zu, darunter alle soliden Farben wie Weiß, Schwarz, Blue, Red und ihre verdünnten Varianten sowie Tortie in Rot-Schwarz und Blue-Cream. Auch Bicolour und Tricolour sowie Calico in Rot-Schwarz oder Blue-Cream sind zulässig, ebenso wie Van und Tabby. Zu den klassischen Tabby Mackerel und Blotched kommt bei der American die Besonderheit Patched Tabby, eine Fellfarbe, bei der die Tabby-Markierung die Grundfarbe Tortie überlagert. Mit „Patched" bezeichnet man die roten oder cremefarbenen Flecken bei diesem Muster. Chocolate, Lilac und Himalayan (Colourpoint) sind ausgeschlossen.

American Curl

Typ
Semi-Foreign/
Cobby

Ursprungsgebiet
USA

Ursprungszeit
1981

Nationalität
USA

Offizielle Anerkennung
1985

Varietäten
mit kurzem Haar: American Curl Shorthair

Temperament
ausgeglichen, gesellig

Kurzhaar

Nach hinten gefaltete Ohren sind in der Körpersprache der Katzen ein Zeichen der Bedrohung. Doch bei der American Curl sind die Ohren halbmondförmig gebogen, was ihr eher den verschmitzten Ausdruck eines kleinen Teufelchens verleiht. Die Kommunikationsfähigkeit der Katzen scheint dadurch nicht eingeschränkt zu sein. Die Rasse wird außerdem wegen des freundlichen, verspielten und wenig aggressiven Wesens geschätzt.

American Curl Colourpoint Tabby Blue

Moderne Geschichte: Die „gebogenen“ Ohren sind das Hauptmerkmal dieser Edelkatze. Diese Mutation wurde zum ersten Mal beobachtet, als die Familie Ruga 1981 in einer Kleinstadt in Kalifornien zwei Kätzchen adoptierte. Das Weibchen namens „Sulamith“ hatte halbmondförmig gebogene Ohren und vererbte diese an ihre ersten vier Jungen weiter. Zwei der Kätzchen aus diesem Wurf wurden Ester Brimlow zum Geschenk gemacht, bei ihr fielen sie Nancy Kiester auf. Nancy, die spätere Sekretärin des *North American Curl Club,* begann ein Zuchtprogramm und es gelang ihr mit der Kätzin „Mercedes“, die Rasse in Kalifornien bekannt zu machen.

American Curl Van

Von Anfang an existierte sowohl die Variante mit halblangem als auch die mit kurzem Haar. Die ersten Exemplare wurden 1983 in Palm Springs auf einer Ausstellung gezeigt, wo sie sofort großen Erfolg hatten. Mit Hilfe von Jean Grimm, einer erfahrenen Züchterin, wurde ein Rassestandard verfasst, die TICA erkannte die Langhaarversion 1985 an. Einige Jahre später wurde auch die American Curl Shorthair anerkannt. Heute erkennen CFF, CFA und WCF (World Cat Federation) sowie die meisten nationalen Verbände die Rasse an.

Standard: Gut proportionierte, mittelgroße Katze mit einem Körpergewicht von 2,5 bis 5 kg bei ausgewachsenen Tieren. Der Kopf ist stumpf keilförmig, lang und nicht sehr breit mit leicht fliehender Stirn und gerader Nase mit angedeutetem Stopp. Die Ohren sind groß, aufrecht und in einem Bogen von 90 bis 180 Grad nach hinten gekrümmt, die Spitzen sind abgerundet. Die Augen sind mandelförmig, ziemlich groß und stehen weit auseinander, nur bei den Colourpoint hängt die Farbe von der Fellfarbe ab.

Der Schwanz ist so lang wie der Körper, die Beine sind mittellang mit runden Pfoten. Das Haar ist bei der Shorthair kurz, sonst mittellang, die Unterwolle fehlt fast völlig.

American Curl Brown Tabby

American Curl
Brown Tabby

Charakter: Ausgeglichene, mäßig aktive Katze, die bis ins ausgewachsene Alter verspielt bleibt. Mit zwei bis drei Jahren ist sie ausgewachsen. Sie ist gesellig, wenig aggressiv, zutraulich und anschmiegsam, sie liebt Körperkontakt, sucht aktiv die Gesellschaft von Menschen und ist gut für Familien mit Kindern geeignet. Sie ist sehr gelehrig und apportiert Gegenstände, außerdem verhält sie sich anderen Haustieren gegenüber freundlich. Sie schätzt Auslauf im Grünen sehr, kann aber auch in der Wohnung gehalten werden.

Pflege: Die American Curl verfügt über eine natürliche, robuste Gesundheit. Nur die weit offenen Ohren müssen gut gepflegt werden, mindestens einmal im Monat sollte man sie vorsichtig reinigen. Dabei ist besonders auf den starren, aber empfindlichen Knorpel der Ohrmuschel zu achten. Obwohl diese Katzen immer untereinander verpaart werden müssen, damit die charakteristischen Ohren zum Ausdruck kommen, wurden bisher keine Missbildungen oder Anomalien des Skeletts oder andere genetische Auffälligkeiten bekannt.

Farben: Alle Farbschläge und Muster sind zulässig.

Die Ohren

Nach der Geburt sehen die Ohren bei allen Kätzchen gleich aus, sie sind klein und hängen nach vorne herab. Erst zwischen dem vierten und siebten Lebenstag beginnen sie sich aufzurichten und nach hinten zu biegen. Im unteren Drittel fühlen sie sich dann hart an, weil der Knorpel in der Ohrmuschel auszuhärten beginnt und so langsam die charakteristische Krümmung entsteht. Erst mit vier bis sechs Monaten haben die Ohren ihr endgültiges Aussehen angenommen. Es gibt drei Grade der Krümmung, leicht, mittel und deutlich. Je mehr sich die Ohrspitze der Schädeldecke annähert, umso wertvoller ist die Katze.

American Curl Magpie

Die American Curl ist vor allem in der Langhaarversion bekannt, doch es gibt auch Exemplare mit kurzem Haar.

American Wirehair

Typ
Semi-Foreign/ Cobby

Ursprungsgebiet
USA

Ursprungszeit
1966

Nationalität
USA

Offizielle Anerkennung
1967

Temperament
wenig aggressiv, selbstständig

Kurzhaar

Alle Katzen dieser Rasse stammen von einem einzigen Kater ab, der bezeichnenderweise „Adam" hieß. Die American Wirehair verdankt ihren Status als eigenständige Rasse dem charakteristischen „Drahthaar", die mittelgroße Statur und das freundliche, ausgeglichene Wesen hat sie mit der American Shorthair gemeinsam.

Moderne Geschichte: Nach der Verpaarung zweier American Shorthair namens „Bootsie" und „Fluffy" wurde am 5. März 1966 ein rot-weißes Kätzchen mit drahtigem, gewelltem Haar geboren. Vom Landgut Verona im amerikanischen Bundesstaat New York aus erfuhr die Rex-Züchterin Joan O'Shea vom eigenwilligen Fell des Kätzchens, sie kaufte die Katze und taufte sie auf den Namen „Council Rock Farm Adams of Hi-Fi". In den folgenden Jahren arbeitete Joan daran, dieses Merkmal zu fixieren und eine Population als Basis für eine neue Rasse zu schaffen. „Adam" wurde mit einer Schwester – die normales Haar hat – verpaart und es offenbarte sich der semidominante Charakter der Mutation: Es genügte ein Elternteil mit diesem Merkmal, um das „Drahthaar" wenigstens einem Teil der Nachkommenschaft zu vererben. Später wurden die Drahthaarkatzen auch mit American Shorthair verpaart um die allgemeinen Merkmale zu fixieren. Noch heute ist die einzige erlaubte Einkreuzung die der American Shorthair. Die Rasse wurde von der CFA anerkannt, ist aber bisher noch sehr selten.

Standard: Der Standard entspricht weitgehend dem der American Shorthair: Die Wirehair ist mittelgroß mit rundem Kopf und vollen Wangen, gut entwickelter Nase und kräftigem Kinn. Die Nase weist einen leichten Stopp auf. Die Ohren sind an der Spitze abgerundet und stehen weit auseinander. Die Augen sind groß, schräg gestellt und harmonieren mit der Fellfarbe. Die Schwanzspitze ist abgerundet. Das Fell besteht aus gewellten, rauen Haaren, auch Ohren und Schwanzhaare sind gewellt und fühlen sich steif und rau an. Das Haar an Bauch, Hals und Kinn ist weicher, die Unterwolle ganz besonders fein. Selbst Schnurrhaare und Wimpern sind normalerweise gewellt. In den letzten Jahren bevorzugen die Züchter in den Vereinigten Staaten kleinere, zartere Exemplare, um die Rasse auch in Bezug auf die allgemeine Morphologie deutlicher gegen die American Shorthair abzugrenzen.

Charakter: Die American Wirehair sieht zwar ungewöhnlich aus, hat aber ein durchaus freundliches, geselliges Wesen. Sie ist mäßig aktiv, wenig lautfreudig und gut für das Leben in der Familie geeignet. Kinder und andere Tiere akzeptiert sie problemlos, vor allem, wenn sie von frühester Kindheit an daran gewöhnt ist. Sie benötigt ausreichend Platz und genügend Aufmerksamkeit von Seiten der Besitzer. Fremden gegenüber ist sie vorerst scheu, aber freundlich, wenig aggressiv und auch anschmiegsam, wenn sie sich nicht bedroht fühlt. An Veränderungen der Lebensumstände passt sie sich in den ersten Lebensmonaten leichter an als später. Sie kann in der Wohnung gehalten werden, zieht jedoch einen Platz mit Auslauf im Freien vor.

Pflege: Die Kätzchen haben von Anfang an ein gewelltes Fell. Es dauert jedoch einige Monate, bis es seine endgültige Struktur angenommen hat. Da die Haare sich leicht verhaken und ausgerissen werden können, ist es nicht ratsam, zur Pflege Bürsten oder Kämme zu verwenden. Ein monatliches Bad – eventuell häufiger, wenn die Katze Zugang zum Garten hat oder

American Wirehair Calico

an Ausstellungen teilnimmt – und ausgewogene, vitaminreiche Ernährung sorgen für den Glanz im Fell. Ansonsten ist die American Wirehair eine anspruchslose, robuste Katze. Sie neigt ein wenig zur Gefräßigkeit, auf nicht zu reichliche Kalorienzufuhr ist zu achten.

Farben: Alle Farben und Muster der American Shorthair sind auch bei der American Wirehair zugelassen. Das sind alle einfarbigen Varianten wie Schwarz, Weiß, Red und deren verdünnte Formen Blue und Cream. Bei den Bicolour müssen die Farben gut gegeneinander abgegrenzt sein, auch bei der Van-Variante mit Markierungen an Kopf und Schwanz. Unter den Schildpatt-Varianten sind Rot-Schwarz und die verdünnte Form Blue-Cream zugelassen, auch mit Weiß, in diesem Fall nennt man sie Calico. Die farbigen Markierungen sollen gut abgegrenzt sein und sich vom Weiß abheben. Bei der Variante Patched Tabby überlagern Tabby-Markierungen die Tortie-Grundfarbe. Chocolate, Lilac oder Himalayan (Colourpoint) oder eine dieser Farben mit Weiß werden nicht akzeptiert.

Bengal

Typ
Semi-Foreign/
Cobby

Ursprungsgebiet
USA

Ursprungszeit
1963

Nationalität
USA

Offizielle Anerkennung
1991

Temperament
aktiv,
sensibel

Kurzhaar

Die Bengal hat mit einigen anderen Rassen wie Ägyptisch Mau, Ocicat und California Spangled das gefleckte Fell gemeinsam. Bei der Bengal ist diese an die Tarnfarbe der wilden Verwandten erinnernde Zeichnung nicht Resultat langwieriger und gezielter Selektion, sondern vielmehr aus einer Kreuzung mit einer wilden Kleinkatze entstanden, der Bengalkatze oder *Felis bengalensis.* Im Gegensatz zu den Tabby Spotted verlaufen die Tupfen bei der Bengal nicht in vertikalen, sondern in horizontalen Streifen.

Moderne Geschichte: Hauskatzen können sich mit allen möglichen kleinen Wildkatzen paaren, doch oft ist die Nachkommenschaft steril und häufig ist der Charakter der Kätzchen zu wild und eignet sich nicht für ein Zusammenleben mit dem Menschen. Trotz dieser schwierigen Ausgangslage ist es bei der Bengal gelungen, eine Hauskatze mit einer Wildkatze zu verpaaren und dennoch ein problemlos domestizierbares Tier zu erhalten. Die ersten Versuche in diese Richtung gehen auf das Jahr 1963 zurück, als sich der schwarze Kater von Jean Sudgen Mill, einer Züchterin aus Corvina (Kalifornien), zufällig mit einer Bengalkatze paart, die Jean aus einem Tiergeschäft in Arizona mitgebracht hatte. Aus dieser Verbindung geht ein fortpflanzungsfähiges Weibchen hervor, das im Aussehen stark der Mutter gleicht. Etwa zur selben Zeit verpaart William Engler im Zoo, in dem er arbeitet, eine Hauskatze mit einem männlichen Vertreter der Spezies *Felis bengalensis.* Von der ebenfalls weitgehend sterilen Nachkommenschaft bleibt jedoch nur der Name – er nennt die Kätzchen „Bengals" – erhalten, der später für diese Rasse verwendet wurde. Auch Jean Mill musste das Projekt zunächst aufgeben, bis sie 1981 erfährt, dass der Genetiker und Arzt Dr. William Centerwall von der Universität Kalifornien zahlreiche Kreuzungen zwischen Hauskatzen und Bengalkatzen durchgeführt hatte. Er wollte eine Besonderheit des Immunsystem erforschen, denn die kleine Wildkatze soll gegen Katzenleukämie immun sein.

Die Katzenzüchterin nahm Kontakt mit ihm auf und erhielt acht Weibchen aus der ersten Generation. Diese verpaarte sie mit verschiedenen Rassen, darunter auch Ägyptisch Mau. Die ersten Exemplare mit gleichen

Bengal Brown Spotted

Merkmalen wurden der TICA 1983 präsentiert und zunächst zur Kategorie „Neue Rassen und Farben" zugelassen. 1985 erscheinen die ersten Bengal-Katzen auf Ausstellungen, die offizielle Anerkennung erfolgte 1991, von Seiten der TICA allerdings erst 1998. Heute wird die Bengal von den meisten Verbänden weltweit anerkannt.

Standard: Große Katze mit lang gestrecktem Rumpf und kräftigem, muskulösem Körperbau. Der Kopf ist dreieckig, die Nase mittellang, das Kinn kräftig. Die Ohren sind mittelgroß, an der Spitze abgerundet und stehen weit auseinander. Die Nase ist breit und kurz mit ausgeprägtem Nasenrücken und einer Wölbung vom Stopp bis zur Spitze. Die Augen sind groß, leicht schräg gestellt, amber- bis haselnussfarben oder grün, bei der Varietät „Snow Leopard" blau. Die Fußballen sind breit, zwischen den Zehen sitzen Haarbüschel. Das Fell ist sehr kurz, weich und liegt eng am Körper an. Die Tupfen folgen horizontalen Linien und verlaufen nicht entlang der Tabby-Zeichnung wie beim Tabby Spotted, sie können auch in Rosetten angeordnet sein. Der Schwanz hat eine dunkle Spitze.

Charakter: Um Problemen wegen eines eventuell zu „wilden" Charakters aus dem Weg zu gehen, sind bei Ausstellungen nur Exemplare ab der dritten Generation zugelassen. Grundvoraussetzung für die Zulassung ist auch, dass sich die Katze problemlos hochheben und tragen lässt wie jede andere Hauskatze auch. Die Bengal ist sehr aktiv, immer wachsam, verspielt und dank des diesbezüglichen Schwerpunkts im Zuchtziel auch wenig aggressiv und gesellig. Sie kann sehr lautfreudig sein, besonders als Jungtier, und reagiert sensibel auf den Tonfall und auch die Stimmung ihrer menschlichen Kameraden. Man sollte sie daher immer verständnisvoll und sanft behandeln, insbesondere solange sie noch nicht an die neue Umgebung gewöhnt ist. Man sollte sie in dieser Zeit möglichst nicht tadeln oder strafen. Sie kann problemlos mit anderen Katzen zusammenleben, zeigt sich ihnen gegenüber aber oft dominant. Sie braucht viel Bewegungsfreiheit und Auslauf.

Pflege: Diese Kurzhaarkatze ist athletisch, kräftig und robust und benötigt keine besondere Pflege. Das einzige Problem bei dieser Rasse ist die relative „Wildheit", eine Folge der Einkreuzung einer Wildkatze. Die Kätzchen der ersten Generation müssen unbedingt von einer Hauskatze aufgezogen werden und brauchen viel Kontakt mit Menschen. Man muss sie oft streicheln, hochheben und herumtragen, damit sie sich daran gewöhnen. Außerdem sollen sie ausschließlich mit anderen Hauskatzen zusammenleben, so lernen sie von diesen die typischen Angewohnheiten der Hauskatze wie etwa den Gebrauch der Katzentoilette. In der ersten Generation sind die Männchen steril, sie werden kastriert. Die weiblichen Bastarde werden später mit männlichen Hauskatzen verpaart.

Farben: Der erste zugelassene und gezielt selektierte Farbschlag war „Spotted" mit den typischen dunklen Rosetten in Schwarz oder auch Braun auf orangebraunem Grund (Sorrel) oder Schwarz auf mahagonibraunem Grund (Mink). Neuerdings gibt es auch das Muster „Marbled" (marmoriert), attraktive kreisrund und schmetterlingsartig angeordnete Streifen und die Farben Sepia und Pointed mit dunklen Markierungen auf Nase, Ohren, Beinen und Schwanz und heller gefärbtem Rumpf. Wegen des speziellen, an den Schneeleoparden erinnernden Musters nennt man diese Varietät auch „Snow Leopard". Die Markierungen sind wie bei der Siam stark ausgeprägt mit sehr dunklen Spitzen und blauen Augen, doch zusätzlich weist der helle Rumpf noch eine deutliche Fleckenzeichnung auf.

Bengal Brown Spotted

California Spangled

Die Katzenzucht hat sich meistens vorwiegend auf die Selektion bestimmter Merkmale konzentriert, die typisch für die domestizierte Katze sind: Farbe, langes Haar und andere Besonderheiten der modernen Rassen. Nur bei wenigen Edelkatzen stand die Annäherung an das physische Erscheinungsbild der kleinen und großen wilden Verwandten unserer Hauskatzen im Vordergrund. Eines der wenigen Beispiele hierfür ist die seltene California Spangled. Sie stellt eine Möglichkeit dar, einen echten kleinen „Salonleoparden" sein Eigen zu nennen, ohne dafür in das Leben der gefährdeten wilden Populationen eingreifen zu müssen.

Moderne Geschichte: Neue Farbschläge innerhalb einer Katzenrasse erhalten die Züchter immer eher durch gezielte Kreuzungen und Zuchtprogramme als durch spontane Mutationen. Manchmal kann aus einem solchen Projekt auch eine neue Rasse entstehen. Genau das ist der Fall bei der California Spangled. Ihr „Schöpfer", der Hollywood-Regisseur Paul Casey, entwarf anlässlich eines Gesprächs mit dem berühmten Anthropologen Louis Leakey auf einer Party in Beverly Hills sein persönliches Idealbild der Katze. Leakey, seines Zeichens Entdecker von „Lucy", dem bisher ältesten menschlichen Skelett, das in der afrikanischen Steppe gefunden wurde, inspirierte ihn dabei zu der Idee, eine Hauskatze mit einem ebenso schönen Fell zu schaffen, wie es ihre wilden Verwandten tragen. Die Selektion begann 1971 mit einem langhaarigen Silver-Spotted-Kater und einer Siam-Kätzin des alten Typs. Später wurden eine Manx Brown Tabby Blotched, eine Red Tabby Spotted aus der Verpaarung einer Abessinier und einer Ägyptisch Mau sowie eine malaiische Tabby Spotted mit kurzem Haar eingekreuzt. Nach zehn Jahren gelang es Casey, den erwünschten Typ zu fixieren. Er erhielt eine Tabby Spotted mit athletischer Statur, großen Mandelaugen und markanten, hohen Wangenknochen. Die neue Rasse wurde im *Neiman Marcus Annual Christmas Book* 1986 als Weihnachtsgeschenk" eingeführt. 1987 registrierte die TICA die California Spangled, bis heute ist sie die einzige Organisation, die die Rasse anerkennt. In manchen europäischen Ländern ist sie zu Ausstellungen zugelassen.

Standard: Der Körper ist kräftig und lang gestreckt, mittelgroß und muskulös. Der Kopf ist stumpf keilförmig mit leicht gerundeter Stirn und vollen Wangen. Die Nase ist gerade, mittellang und nicht zu breit mit ganz leichtem Stopp. Die Augen sind groß, mandelförmig und leicht schräg gestellt. Das Kinn ist markant, durch den ebenfalls starken Kiefer wirkt die Schnauze ziemlich kräftig. Die Ohren sind mittellang mit abgerundeter Spitze und setzen hoch am Kopf an.

Die Vorderbeine werden beim Gehen immer ungefähr 90 Grad gebeugt gehalten, so sieht die California Spangled immer aus wie eine Wildkatze in geduckter Haltung beim Anschleichen an ein Beutetier. Wenn sie sitzt und die Beine durchstreckt, sieht man erst, wie hochbeinig sie ist. Das Fell ist weich und kurz, an Bauch und Schwanz etwas länger.

Pflege: Die California Spangled ist eine robuste und durch die kurzen Haare pflegeleichte Katze.

Typ
Semi-Foreign

Ursprungsgebiet
USA

Ursprungszeit
1971

Nationalität
USA

Offizielle Anerkennung
1987

Temperament
aktiv, wenig aggressiv, gesellig

Kurzhaar

California Spangled

Farben: Nur gefleckte Muster in den Farben Silver, Seal, Chocolate, Cinnamon, Red, Cream, Blue und Schwarz sind zulässig. Die Flecken erstrecken sich über Rücken und Flanken, die Streifen vom Kopf bis zu den Schultern. Die Flecken können rund, quadratisch, oval oder dreieckig sein, halbmond- oder fischgratförmige Markierungen gelten als schwere Fehler. Erwünscht ist ein durchgehender Streifen wie eine Art Halsband, außerdem soll ein Streifen von den Schultern zur Achsel die kleineren Flecken der Schulterpartie von den größeren am restlichen Körper trennen. Am Schwanzende sitzen ein bis drei dunkle Ringe, die Spitze soll dunkel und abgerundet sein. Die California Spangled lebt problemlos mit anderen Katzen zusammen, besonders wenn sie schon in jungen Jahren daran gewöhnt wurde.

Ocicat

Zahlreiche Katzenrassen verdanken ihre Entstehung oder Entdeckung dem Engagement und der Leidenschaft weiblicher Katzenliebhaber. Gerade bei den modernen Rassen ist diese besondere Beziehung zwischen Katzen und Frauen fast schon eine Konstante. So auch bei der wunderschön gefleckten Ocicat und der Züchterin Virginia Daly.

Ocicat Lavender

Typ
Semi-Foreign

Ursprungsgebiet
USA

Ursprungszeit
1964

Nationalität
USA

Offizielle Anerkennung
1966

Temperament
aktiv, wenig lautfreudig, gesellig

Kurzhaar

Moderne Geschichte: 1964 begann die Amerikanerin Virginia Daly aus Michigan, die auch Ehrenmitglied der CFA ist, ein Zuchtprogramm mit dem Ziel, eine Katze orientalischen Typs mit dem rostbraunen Fell der Abessinier zu erhalten. Aus der Verpaarung eines Chocolate Point-Siamkaters und einer Abessinier entstanden jedoch keine Agouti-Kätzchen, es stach vielmehr eines mit zimtfarbener Fleckenzeichnung auf elfenbeinfarbenem Grund hervor. Die Katze wurde auf den Namen „Dalai Talua", Spitzname „Tonga", getauft und stand an der Spitze der Ahnenreihe einer neuen Rasse namens Ocicat. Diese Bezeichnung stellt eine Kombination aus den Namen der kleinen amerikanischen Wildkatze Ozelot und der Hauskatze dar. Die Verpaarung wurde wiederholt, damit begann das eigentliche Zuchtprogramm. Auch der Züchter Tom Brown und der Genetiker Clyde Keeler aus Detroit beteiligten sich daran. Um eine größere Statur und vielfältigere Farben zu erhalten, wurden American Shorthair eingekreuzt.

Ocicat Silver Brown Spotted

Der FIFe-Standard schreibt eine mittelgroße bis große, eher lang gestreckte, nicht zu hohe Statur vor. Im Gegensatz zur Ägyptisch Mau sind die Flecken beim Muster der Ocicat größer, länger und weiter voneinander entfernt. Der Kontrast zwischen Zeichnung und Untergrund wirkt daher intensiver.

Schon 1966 registrierte die CFA die Kätzchen, aber es dauerte noch zwei Jahrzehnte, bis die Ocicat ihre jetzige Gestalt angenommen hatte. Die ersten reinrassigen Exemplare erreichten 1991 Europa und wurden von der FIFe 1992 in Budapest anerkannt. Der erste europäische Champion dieser Rasse war die Kätzin „Zohara's Sepeherina". In den europäischen Ländern war die Rasse immer noch selten.

Standard: Mittelgroße bis große Katze mit kräftigem, kompaktem Körperbau, mäßig lang gestreckt und muskulös. Der Kopf bildet ein stumpfes Dreieck mit mittelgroßen, an der Spitze leicht abgerundeten, seitlich am Kopf ansetzenden Ohren. Das Nasenbein ist lang mit kaum ausgeprägtem Stopp, das Kinn ist kräftig. Die Augen sind groß und mandelförmig, alle Farben außer Blau sind zulässig. Die Beine sind nicht zu lang mit ovalen, festen Pfoten. Der Schwanz ist ziemlich lang und läuft zum Ende hin spitz zu. Das Fell ist kurz, dicht und liegt eng am Körper an.

Charakter: Obwohl sie entschieden größer ist als ihre Verwandten Siam und Abessinier, hat die Ocicat ein orientalisch aktives Temperament, wenn auch in weniger ausgeprägter Form als die echten Orientalen. Sie ist wenig lautfreudig, gesellig und sucht sich meist eine Person in der Familie aus, zu der sie eine enge Beziehung aufbaut. Wegen ihres verspielten, neugierigen und wenig aggressiven Wesens ist sie als Spielgefährtin für Kinder geeignet und akzeptiert auch Hunde im Haushalt. Sie ist sehr agil und vital und sollte daher nicht auf beengtem Raum gehalten werden und Zugang zum Garten haben. Sie benötigt allerdings nicht nur Auslauf, sondern auch Gesellschaft und Aufmerksamkeit. Wer öfters abwesend ist, sollte eine zweite Katze derselben Rasse oder mit ähnlichen Wesensmerkmalen anschaffen.

Pflege: Diese robuste und gesunde Katze frisst relativ viel. Ihr Fell sollte einmal wöchentlich gepflegt werden. Sie ist ziemlich groß und wird bis zu 7 kg schwer.

Farben: Das einzige zugelassene Muster ist Tabby Spotted mit deutlichem Kontrast zwischen Spot und Grundfarbe. Auf der Stirn ist das Tabby-M zu sehen, der Schwanz hat eine dunkle Spitze. An zulässigen Farben sind einige zu nennen: Brown, Chocolate, Cinnamon, Blue, Lilac, Fawn sowie alle diese Farben in der Variante Silver. Der Standard nimmt eine Einteilung in Varietäten je nach Farbschlag vor: Cinnamon (elfenbeinfarbener Grund, zimtfarbene Flecken), Tawny (ähnlich wie Brown Tabby mit Muster in Schwarz oder Seal auf rotbraunem Grund), Chocolate, Golden und Siena (mit schokoladenbraunem, goldbraunem oder beigem Muster auf elfenbeinfarbenem Grund). Zu den neueren Varietäten zählen Silver (schwarzes Muster auf silberweißem Grund) sowie Blue und Lilac (blaugraues Muster auf hellbeigem Grund).

Ocicat Silver Brown Spotted

Abessinier

Typ
Semi-Foreign

Ursprungsgebiet
Äthiopien

Ursprungszeit
19. Jahrhundert

Nationalität
Großbritannien

Offizielle Anerkennung
1882

Varietäten
mit langem Haar: Somali

Temperament
lebhaft, verspielt

Kurzhaar

Der Ursprung dieser Rasse ist nicht vollständig geklärt. Ihr Name lässt vermuten, dass die afrikanische Savanne ihre ursprüngliche Heimat gewesen sein könnte, doch nach neueren genetischen Studien soll ihre besondere Fellfarbe von einer im Fernen Osten erstmals entstandenen Mutation herrühren. Die auffälligsten Merkmale der Abessinier sind das gleichzeitig ungewöhnlich und natürlich wirkende „Häschenfell" sowie ihr besonders lebhafter, freundlicher und verspielter Charakter.

Frühe Geschichte: Es gibt verschiedene Versionen der Geschichte des Ursprungs dieser Rasse. Der Name legt eine afrikanische Abstammung nahe, auch die Ähnlichkeit mit den Hauskatzen im Alten Ägypten weist darauf hin. Körperbau und Kopfform der Abessinier gleichen tatsächlich den in den über 4000 Jahre alten Malereien und Skulpturen immer wieder dargestellten Tieren. Neueren genetischen Untersuchungen zufolge könnte die Abessinier aber auch aus den Küstengebieten des Indischen Ozeans und Südostasien stammen und auf dem Seeweg nach Europa gekommen sein. Tatsächlich kann man im Zoologischen Museum von Leyden in Holland eine Katze mit Agouti-Fell aus Indien besichtigen, die einst ein Händler von einer Reise mitbrachte.

Moderne Geschichte: Das gebänderte Agouti-Muster ist seit Anfang des 19. Jahrhunderts in Großbritannien bekannt. Solche Katzen wurden dort wegen der Ähnlichkeit der Fellfarbe mit einigen Hasen und Kaninchen „Bunny-Cats" genannt. Das erste Exemplar wurde anlässlich der großen Katzenschau 1871 registriert. Im Katalog wird das Tier als „Zula aus dem Besitz des Kapitän Barrett-Lennard" angeführt. Sie soll am Ende des Krieges aus Abessinien eingeführt worden sein. Die britischen Truppen verließen das heutige Äthiopien im Mai 1868, daher ist eine Abstammung der Abessinier von aus diesem Gebiet importierten Tieren durchaus denkbar. Die moderne Form und der aktuelle Standard sind jedoch das Werk britischer Züchter. 1882 wurde die Abessinier unter ihrem jetzigen Namen anerkannt und ein Jahr später im Crystal Palace in London vorgeführt. Nach anfänglichen Erfolgen und einer zunehmenden Verbreitung erlitt die Zucht einen Rückschlag durch die beiden Weltkriege und erfuhr erst in der Nachkriegszeit einen erneuten Aufschwung. Die Originalfarbe der „Häschenkatze" (Usual oder Ruddy) wurde als Erste in den Standard aufgenommen und ist auch heute noch am weitesten verbreitet. 1887 kam der Farbschlag Sorrel auf, wurde jedoch erst 1957 anerkannt. 1975 folgte die Zulassung der Variante Blue. Fawn und Silver wurden einige Jahre später anerkannt.

Abessinier Sorrel

Standard: Schlanker Körperbau, dreieckiger, leicht abgerundeter Kopf ohne flächige Partien, breite Nase mit leichtem Stopp. Die Schnauze ist weder spitz noch quadratisch, die Ohren sind groß, leicht zugespitzt, stehen weit auseinander und tragen Haarbüschel an der Spitze. Die Abessinier hat große, mandelförmige Augen in den Farben Grün, Bernstein oder Haselnuss. Die Beine sind mittellang mit ovalen Pfoten. Das Fell ist dicht, seidig und weich, jedes Einzelhaar ist zwei- bis dreimal getickt. Das Haar ist kurz und anliegend.

Charakter: Die Abessinier ist für ihr besonders aktives und lebhaftes Wesen bekannt. Der Charakter stellt ein wesentliches Merkmal dieser Rasse dar. Wie gut sie sich an das Leben in der Familie anpasst, hängt weitgehend davon ab, wie sie aufgenommen wird und wie weit die Besitzer bereit sind, sich mit dem Tier zu beschäftigen und auf es einzugehen. Sie braucht viel Zuwendung und Aufmerksamkeit, ist auch im ausgewachsenen Alter noch verspielt, neugierig und sensibel. Die Abessinier ist sicherlich nicht die richtige Katze für Berufstätige, die selten zu Hause sind. Sie muss Gelegenheit haben, aktiv am Familienleben teilzunehmen und ihren Bewegungsdrang beim Spielen auszuleben, am besten in einem ausreichend großen, aber eingezäunten Garten. Sie ist wenig aggressiv und gesellig, schätzt die Gesellschaft anderer Katzen und auch Hunde, fügt sich aber nicht so gern in eine Gruppe ein. Sie spielt gerne mit Kindern, sollte aber nicht gegen ihren Willen hochgehoben und herumgetragen werden, denn ein richtiges Schoßtier ist sie nicht. Wegen ihres aktiven Temperaments und ihrer ausgeprägten Neugier sollte sie besonders als Kätzchen nicht längere Zeit unbeobachtet bleiben. Die Jungtiere sind äußerst lebhaft.

Abessinier Ruddy

Es gibt zahlreiche Züchterverbände, die sich mit dieser Edelkatze beschäftigen. Die älteste Vereinigung ist die britische Abyssinian Cat Association, *sie wurde 1972 gegründet. Die Abessinier ist auch in den Vereinigten Staaten verbreitet, dort bevorzugen die Züchter Exemplare mit runderen, weicheren Körperkonturen.*

Pflege: Die Abessinier braucht vor allem genügend Platz, Bewegungsfreiheit, Spiel und Gesellschaft, um sich wohlzufühlen. Das weiche Fell dieser Katze kann gut mit den Händen gepflegt werden, Gummistriegel oder Noppenhandschuhe sollte man dazu jedoch nicht verwenden. Ein engzahniger Kamm eignet sich besser, mit einem Seidentuch kann das Fell von Ausstellungskatzen „auf Hochglanz" gebracht werden.

Farben: Der typische Farbschlag der Abessinier ist Agouti, darunter versteht man mehrfach getickte – das heißt dunkel gebänderte – Haare. Die erste zugelassene Farbe war die „Häschenfarbe" Usual bzw. Ruddy, das ist ein aprikosenfarbener Grundton mit dunkelbraunem Ticking. Später kamen auch Sorrel (aprikosenfarbener Grund mit Ticking in Cinnamon), Blue (roséweißer Grund mit Ticking in Blue), Fawn (elfenbeinfarbener Grund mit Ticking in Beige-Rosé) und die Silver-Varietäten mit silberweißem Grund und Ticking in den angeführten Farben auf. Ganz neu sind Lilac und Chocolate. Die Grundfarbe der Abessinier wirkt rötlich, ist aber genetisch vom echten Rot oder Red verschieden. Sie ist nicht an das Geschlecht gebunden, stellt in Wirklichkeit eine Abart des Hellbraun dar und hängt mit dem Allel „b^1" zusammen. Aus diesem Grund spricht man nicht von Rot, sondern von Sorrel oder Cinnamon, die verdünnten Varianten sind unter den Namen Fawn und Beige bekannt. Genetisch ist die Abessinier Tabby, die Selektion hat die Tabby-Markierungen auf Körper, Schwanz und Beinen verschwinden lassen, nur das Tabby-M auf der Stirn weist noch darauf hin. Weiße Haare werden nur um die Maulspalte, am Kinn und auf den Wangen toleriert.

Bombay

Typ
Semi-Foreign

Ursprungsgebiet
USA

Ursprungszeit
1958

Nationalität
USA

Offizielle Anerkennung
1976

Temperament
mäßig aktiv, gesellig, zutraulich

Kurzhaar

Manche neuen Rassen entstehen, weil plötzlich eine Mutation auftritt und ein besonderes Charakteristikum in der Population erscheinen lässt, bei anderen inspiriert die Züchter die Vorstellung von einem persönlichen Idealbild, das sie durch gezielte Kreuzungen zu erreichen versuchen. Für die Bombay stand „Baghira", der faszinierende schwarze Panther, Modell, der eine tragende Rolle in Kiplings *Dschungelbuch* spielt. Tatsächlich sieht die Bombay wie die Miniaturausgabe einer solchen Wildkatze aus, doch ihr Charakter ist freundlich und gesellig.

Moderne Geschichte: Alle in ihrem Aussehen an die wilden Verwandten der Hauskatze erinnernden Edelkatzen haben ein gemeinsames Merkmal: das gefleckte Fell. Die einzige Ausnahme ist die Bombay. Ihr glänzendes schwarzes Fell lässt vor unseren Augen den geheimnisvollen schwarzen Panther aus den Tiefen des Dschungels erscheinen. Geistiger Vater des Zuchtprogramms ist der Züchter Nikki Horner aus Kentucky. 1958 verpaarte er eine Burma Sable mit einem schwarzen American Shorthair-Kater, einer Rasse, die er seit einiger Zeit mit Erfolg züchtete. Ziel des Programms war es, eine Burma in Schwarz zu erhalten, die Augen sollen nicht bernstein-, sondern kupferfarben sein. Die ersten Resultate waren jedoch enttäuschend, es dauerte Jahre, bevor die neue Rasse Gestalt annahm und sich definitiv von den Elterntieren unterschied. Der Name Bombay wurde als Hommage an das Indien des Panthers „Baghira", einer der Hauptfiguren des *Dschungelbuchs,* gewählt. Dort wird die schwarze Katze nämlich mit Wohlstand und Glück assoziiert, nicht wie in Europa, wo ihr ein alter Aberglaube nachsagt, sie bringe Unglück. In der Öffentlichkeit verzeichnete die Rasse wachsenden Erfolg, doch erst 1976 wurde sie von der *Cat Fancier's Association* anerkannt, in den folgenden Jahren auch von der TICA und der *Cat Fancier's Federation*. In Europa wurde die Bombay von vielen unabhängigen nationalen Verbänden anerkannt, besonders in Holland, Frankreich und Belgien, ebenso von der *World Cat Federation.* In Großbritannien wird sie wegen ihrer morphologischen Ähnlichkeit mit der Burma von der GCCF zur Gruppe Asian gezählt. In vielen Ländern ist sie noch selten.

Bombay

Standard: Mittelgroße Katze mit solidem Knochenbau und athletischer, für ihre Größe sehr kräftiger Statur. Der Kopf ist rundlich ohne flächige Partien, von welcher Seite man ihn auch betrachtet, muss er mit einem Kreis umschrieben werden können. Die Schnauze ist kräftig, die Augen stehen weit auseinander. Die Nase ist kurz und breit mit nicht zu starkem Stopp. Nasenspiegel und Fußballen sind schwarz. Die Augen sind groß und rund und sollen tief kupferfarben bis dunkelgelb strahlen „wie ein neuer Penny“. Die Ohren sind mittelgroß mit abgerundeter Spitze, stehen weit auseinander und sind etwas nach vorne geneigt. Die Beine sind mittellang und gut proportioniert mit runden Pfoten. Der Schwanz ist mittellang. Das Fell liegt am Körper an und ist mäßig dicht bis fein, seidig und glänzend. Das Haar ist kurz bis mittellang und gleichmäßig schwarz von der Wurzel bis zur Spitze. Die britischen Exemplare unterscheiden sich ein wenig von den amerikanischen, da auch die zur Einkreuzung verwendeten Burmesen nicht dem US-amerikanischen Typ entsprechen.

Bombay

Junge Bombay weisen noch rötlich braune Flecken und Schattierungen im Fell auf, erst mit einem Jahr wird es so gleichmäßig tiefschwarz, wie es der Standard verlangt.

Charakter: Die verspielte, gesellige Bombay ist als Wohnungskatze geeignet. Sie hat sowohl den extrovertierten Charakter der Burma geerbt als auch die mäßige Aktivität der American Shorthair. Sie ist eher lautfreudig, miaut aber leise und wird selten fordernd. Sie ist gesellig, akzeptiert andere Katzen im Haus und spielt auch gerne mit Kindern. Fremden und zu ungestümen Kleinkindern gegenüber kann sie manchmal scheu sein. Sie liebt die Gesellschaft von Menschen und schätzt es nicht, oft und lange allein gelassen oder nicht beachtet zu werden. Besonders die Kätzchen können gefräßig sein.

Pflege: Das Fell benötigt keine besondere Pflege, einmal pro Woche bürsten oder auch nur glätten mit den Händen und einem Woll- oder Ledertuch genügt. Das Fell bekommt einen besonders schönen Glanz, wenn man mit den Mahlzeiten ab und zu etwas Bierhefe verabreicht.

Farben: Bei dieser Rasse ist nur die Farbe Schwarz zulässig, die gleichmäßig und glänzend sein muss, Lackschwarz sozusagen. Weiße Haare oder Flecken sind unzulässig. Die Bombay ist die einzige Edelkatze, bei der 55 Prozent der Bewertungspunkte von der Fellfarbe abhängen.

Burma

Typ
Orientalisch/ Semi-Foreign

Ursprungsgebiet
Thailand, Südostasien

Ursprungszeit
17. Jahrhundert

Nationalität
USA

Offizielle Anerkennung
1936

Varietäten
mit halblangem Haar: Tiffany

Temperament
braucht viel Zuwendung, sehr aktiv und gesellig

Kurzhaar

Ihre Abstammung und Geschichte hat die Burma mit der Siam gemeinsam, beide stammen aus dem Raum Indochina, wo sie in der Vergangenheit an der Seite der Mönche lebten und als heilig galten. Man sagte ihnen geheimnisvolle Kräfte nach und glaubte, sie könnten mit den Göttern sprechen. Die modernen Züchter entdeckten die Burma in den Dreißigerjahren. Heute gibt es zwei Typen, den angelsächsischen mit lang gestrecktem Körper und dreieckigem Kopf mit abgerundeten Konturen sowie den amerikanischen mit kompakter Statur, runderem, kürzerem Kopf und kürzerem Rumpf und Beinen.

Frühe Geschichte: Die aus Südostasien stammende Burma war in der Antike unter dem Namen „Supalak" oder „Thong Daeng" bekannt. Im *Buch der Hofmaler,* das in Ayutthaya – der im 18. Jahrhundert zerstörten früheren Hauptstadt (1350 bis 1767) Siams – gefunden wurde und im Museum von Bangkok aufbewahrt wird, sind einige Katzendarstellungen zu sehen, die der Burma in Farbe und Gestalt stark ähneln.

Moderne Geschichte: Nach dem Ersten Weltkrieg begannen die USA, Großbritannien die Vormachtstellung auf dem Gebiet der Entdeckung und Züchtung neuer Katzenrassen streitig zu machen. Die Burma ist eine der ersten Rassen, die die USA zur „Wahlheimat" haben und erst in zweiter Linie nach Europa eingeführt wurden. Alle Burma sollen angeblich von einer einzigen Kätzin namens „Wong Mau" abstammen. Sie wurde 1930 von einem amerikanischen Marinearzt aus Rangun, der Hauptstadt von Birma, mitgebracht. Joseph Thompson beschloss, „Wong Mau" wegen ihres besonderen Aussehens und des orientalischen Typs mit „Tai", einem Sealpoint Siam-Kater, zu verpaaren. Wahrscheinlich war „Wong Mau" keine reinrassige Burma, sondern gehörte der ersten Generation einer Kreuzung aus Siam und Burma mit nussbraunem Fell an. Die ersten Kätzchen sahen

Burma Brown

nicht aus wie ihre Mutter, ihre Merkmale kamen erst zum Ausdruck, als eines der männlichen Jungen von Neuem mit ihr verpaart wurde. In den verschiedenen Generationen erhält man drei unterschiedliche Typen: Der erste ist Siam-ähnlich, der zweite liegt ziemlich genau zwischen den beiden Rassen und wurde später als Tonkinese separat gezüchtet, der dritte ist die moderne Burma. Die Rasse wurde 1936 von der CFA ausschließlich in der Farbe Brown anerkannt.

Burma Brown

Alle anderen in den folgenden Jahren selektierten Farbschläge wurden in der Gruppe Malayan zusammengefasst, doch auch hier ist die Farbe Red ausgeschlossen. 1952 wurde die Burma von den europäischen Verbänden anerkannt. 1960 wurde auch die Farbe Blue zugelassen, Anfang der Siebzigerjahre folgten Chocolate und Lilac, 1975 schließlich Red, Cream und Tortie. Die britischen Züchter importierten die Burma ab 1949 und begannen parallel zu den Amerikanern mit Zuchtprogrammen. Anfangs sahen beide an dieser Kreuzung beteiligten Rassen noch nicht so aus wie heute, die Siam hatte noch keine so überzeichnet schlanke, stilisierte Körperform, die amerikanische Burma war noch nicht so rund und kompakt wie die heutigen modernen Linien.

Mit der Zeit führten die parallelen Zuchtbestrebungen zu zwei verschiedenen Standards, doch beide haben die Farbe des Fells und der Augen gemeinsam. Im kontinentalen Europa schwankt die Morphologie zwischen den beiden Extremtypen, bei Katzenschauen scheint das Publikum aber eindeutig den amerikanischen Typ vorzuziehen.

Standard: Für den amerikanischen Standard soll die Burma mittelgroß, muskulös und kompakt sein und einen kräftigen Oberkörper haben. Sie ist schwerer als sie aussieht, gewöhnlich sind die Männchen deutlich größer als die Weibchen. Der FIFe-Standard nähert sich mehr dem englischen Vorbild an und verlangt eine mäßig lang gestreckte, muskulöse Katze von orientalischer Eleganz. Die europäische Burma ist somit deutlich schlanker

Burma Sable Sepia

Burma Chocolate Sepia

und nicht so kompakt in der Gesamterscheinung, jedoch insgesamt größer und schwerer. Der Kopf der Burma aus Übersee soll rund und von jeder Seite betrachtet frei von flachen Partien sein. Die Nase ist kurz, Profil und Stirn sind rund, der Stopp ausgeprägt. Die Augen sind groß, rund und stehen weit auseinander. Die Ohren sind mittelgroß und abgerundet und stehen ebenfalls weit auseinander. Nach dem FIFe-Standard bildet der Kopf ein kurzes, stumpfes Dreieck, der Stopp ist weniger deutlich, die Ohren sind mittelgroß und setzen etwas weiter vorne an. Die Augen sind groß und stehen weit auseinander, ihre Form ist aber eher oval. Bei beiden Typen ist das Fell sehr kurz, glatt, glänzend und fein, die Unterwolle fehlt fast komplett.

Charakter: Die Burma wird manchmal mit dem Boxer verglichen, einer für einen heiteren und verspielten Charakter sowie ausgeprägte Anhänglichkeit und Agilität bekannten Hunderasse. Diese Edelkatze hat tatsächlich ein so menschenbezogenes Wesen, wie man es selten bei einer anderen

Rasse finden wird. Sie ist lebhaft, äußerst aktiv, sehr intelligent und gewöhnt sich leicht an die Leine, passt sich an die unterschiedlichsten Situationen an, ist gesellig und auch Fremden gegenüber freundlich. Sie toleriert andere Katzen und auch Hunde im Haus, doch sie kann sich manchmal als besitzergreifend erweisen. Auch ausgewachsene Tiere sind noch sehr verspielt, die Kätzchen fallen besonders durch ausgeprägten Spieltrieb auf. Sie ist sehr neugierig, braucht viel Zuwendung, liebt Körperkontakt und sucht sich gewöhnlich einen speziellen Freund in der Familie aus. Gerade wegen ihrer geselligen Natur und der ausgeprägten Neugier sollte sie im Garten niemals unbeobachtet bleiben, sie könnte durch ihre Abenteuerlust leicht in gefährliche Situationen geraten, denn so etwas wie Angst scheint sie nicht zu kennen.

Die Burma ist von ihrem Wesen her sanfter als die Siam, weniger ungestüm, nicht so starrsinnig und auch weniger lautfreudig, sie passt sich leichter an und ist ausgeglichener. Die Männchen sind weniger aktiv und auch weniger „gesprächig" als die Weibchen. Burmesen suchen sich gerne erhöhte Ruheplätze aus.

Burma Chocolate Sepia Tortie

Pflege: Das kurze, eng anliegende Fell benötigt keine besondere Pflege. Wer will, kann es nach dem Bürsten mit einem Wolltuch abreiben, ein Trick, der bei allen kurzhaarigen Rassen gut funktioniert. Um den Muskeltonus und den Glanz im Haar zu bewahren, braucht die Burma eine ausgewogene, vitaminreiche Ernährung. Als anhängliche und gesellige Katze benötigt sie auch mehr Zuwendung und Aufmerksamkeit als andere, selbstständigere Rassen. Nichtbeachtung und längeres Alleinbleiben toleriert sie schlecht.

Farben: Im Unterschied zur Siam, bei der nur die Spitzen dunkel sind, während der Rest des Körpers hell elfenbeinfarben gefärbt ist, verteilt sich die Farbe bei der Burma über den gesamten Körper. Die Spitzen sind jedoch auch bei ihr dunkler. Die Farbintensität verläuft von Dunkel nach Hell über den Rücken und die Flanken zum Bauch. In den USA war die einzige zugelassene Farbe lange Zeit dunkles Braun, heute erkennt die CFA auch Chocolate (Champagne), Blue und Lilac (Platinum) an. In Großbritannien sind Red, Cream und Tortie in allen Farbstellungen (Schwarz, Chocolate, Blue und Lilac) zugelassen. Die Augenfarbe variiert von Gelb über Gold bis Bernstein. 1986 gelang es Dr. Terence D. Lomx und seiner Frau Glen aus Neuseeland, die Varietät Silver registrieren zu lassen.

Burma Red Sepia

In Farbe, Muster oder Haarlänge nicht dem Standard der Rasse entsprechende Burmesen werden von der GCCF in der Gruppe Asian zusammengefasst. Zu den selektierten Mustern und Farben gehören auch Tabbys in den drei bekannten Variationen und kombiniert mit Tortie, Tipped und Red. Zur Gruppe Asian zählen als weitere Rassen Bombay, Burmilla und Tiffany, die Langhaarvariante der Burma.

Ceylon

Diese kleine Edelkatze exotischen Ursprungs gehört der ersten in Italien selektierten Rasse an. Sie stammt aus der ehemaligen britischen Kolonie Sri Lanka und trägt den alten Namen des Inselstaates, Ceylon. Ihr typisches Merkmal ist das charakteristische Agouti-Fell, das auf dieser Insel erstmals auftauchte. Sie ist besonders lebhaft, sehr gesellig und anhänglich.

Typ
Semi-Foreign

Ursprungsgebiet
Sri Lanka

Ursprungszeit
19. Jahrhundert

Nationalität
Italien

Offizielle Anerkennung
1989

Temperament
lebhaft, anhänglich

Kurzhaar

Moderne Geschichte: Im Gegensatz zur Hundezucht haben sich bei den Edelkatzen nicht im selben Maße nationale Rassen herauskristallisiert. Die ersten Nationen, die sich für die Zucht der alten und neuen Katzenrassen interessierten und sich auf diesem Gebiet hervorgetan haben, waren Großbritannien und die Vereinigten Staaten von Amerika. Italien hat bisher nur diese eine Rasse hervorgebracht, die noch nicht von allen europäischen Verbänden anerkannt wurde. Die Ceylon stammt von der Insel Sri Lanka und verdankt ihre Bezeichnung dem alten Namen der ehemaligen britischen Kronkolonie. Der Mailänder Arzt Paolo Pellegatta importierte 1984 die ersten Exemplare in sein Heimatland und stellte sie im darauf folgenden Jahr auf der Katzenschau von Erba vor. In den folgenden Jahren wurden die Katzen direkt auf der Insel gezüchtet und in großer Zahl nach Italien importiert, um Problemen durch die Verpaarung blutsverwandter Tiere vorzubeugen. Dem Zuchtziel der ersten Ceylon-Katzen entsprachen ein freundlicher, geselliger und sanfter Charakter sowie natürlich die spezielle Farbe und Struktur des Fells. Das Fell soll auf dem Körper ein Agouti-Muster aufweisen, auf der Stirn soll das Tabby-M zu sehen sein. Das Haar muss seidig und fein ohne Unterwolle sein und dicht am Körper anliegen. 1988 wurde der Standard festgelegt, eine internationale Kommission begutachtete die vorgestellten Exemplare und hielt die vorhandenen gemeinsamen Merkmale für ausreichend, um sie als neue Rasse anzuerkennen. 1989 wurde die Ceylon im Stammbuch der FFI registriert, am 17. November desselben Jahres wurde sie von der FIAF als neue Rasse anerkannt.

Ceylon Manila

Standard: Kleine bis mittelgroße Katze mit kompakter Statur, zartem Knochenbau, aber gut ausgebildeter Muskulatur. Der Kopf ist rundlich, die Nase mittellang mit leichtem Stopp. Die Ohren sind groß, sitzen seitlich am Kopf und stehen mäßig eng zusammen. Die Augen sind groß, mandelförmig, leicht schräg gestellt und weit geöffnet. Die Beine sind gut zum Körper proportioniert, nicht zu lang mit runden Pfoten. Der Schwanz ist mittellang, das Fell kurz, fein und seidig, die Unterwolle fehlt.

Charakter: Die Ceylon ist eine kleine, elegante, lebhafte und agile Katze. Sie ist sanft, gesellig und auch Fremden gegenüber freundlich.

Farben: Die Grundfarbe ist Agouti mit deutlichen Streifen an den Beinen, Ringen am Schwanz und dem Tabby-M auf der Stirn. Die zulässigen Farben sind Manila mit schwarzem Ticking auf grauem, zimtfarbenem oder aprikosenfarbenem Grund, in der ursprünglichen Heimat der Ceylon nennt man dieses Muster auch „Wolfsfarbe". Weitere Varianten sind Blue, Cinnamon, Fawn, Red, Cream und Tortie mit allen möglichen Tabby-Varianten. Besonders geschätzt sind Exemplare mit gleichmäßig getickt em Rumpf, deutlichen Tabby-Markierungen an den Extremitäten und Flecken auf dem Bauch. Auch Exemplare mit weniger deutlichen oder ohne Tabby-Streifen oder mehreren diffusen Tabby-Markierungen auf dem Rumpf werden akzeptiert. Der Standard kennt drei Kategorien: „Chaus" mit gleichmäßig Agouti-gemustertem Rumpf und wenigen Tigerstreifen nur an Beinen und Schwanz; „Bentola" mit deutlicheren Tabby-Markierungen an Beinen und Schwanz, Flecken auf dem Bauch und dem typischen M auf der Stirn sowie „Continental" mit durchgehendem Tabby-Muster.

Ägyptisch Mau

Die modernen Katzenrassen werden erst seit dem 19. Jahrhundert gezielt gezüchtet, doch einige davon waren schon in früheren Kulturen und Epochen bekannt. Die Ägyptisch Mau ist ein Beispiel hierfür, ihre Wurzeln reichen bis in die Zeit des Alten Ägypten zurück, wo die Katze vor 4000 Jahren vom Menschen domestiziert wurde.

Typ
Semi-Foreign

Ursprungsgebiet
Ägypten

Ursprungszeit
19. Jahrhundert

Nationalität
USA

Offizielle Anerkennung
1950

Temperament
sehr aktiv, verspielt

Kurzhaar

Frühe Geschichte: Die Ägyptisch Mau gilt als älteste der heute bekannten Katzenrassen und als direkter Nachfahre der ersten vom Menschen domestizierten Katzen der Geschichte. Eine schlanke, getigerte oder gefleckte Katze kommt häufig in Malereien vor, auch archäologische Fundstücke in Form kleiner Statuen aus der prädynastischen Zeit Ägyptens vor 5000 Jahren zeugen von der Präsenz des kleinen Vierbeiners in der damaligen Gesellschaft. Die Figur der Katze hatte in dieser Zeit eine stark religiöse, symbolische Bedeutung, oft wurden der „großen und gütigen Katze" auch Opfergaben dargebracht. Die Katze wurde mit verschiedenen Götterfiguren assoziiert, die sowohl männlich sein konnten wie der Sonnengott Ra als auch weiblich wie die Fruchtbarkeitsgöttin Bastet, die oft mit Katzenkopf oder ganz als Katze dargestellt wurde. Im Alten Ägypten, am Höhepunkt des Bastet-Kults, rasierten sich beim Tod einer Katze die Besitzer die Augenbrauen ab und bestatteten den einbalsamierten Körper des Tieres feierlich in Bubastis, der Stadt der Göttin Bastet.

Moderne Geschichte: Viele Jahrhunderte lang lebten die domestizierten Abkömmlinge der afrikanischen Wildkatze *Felis libyca ornata* friedlich im Schatten der Pyramiden. Die moderne Geschichte der Ägyptisch Mau begann erst in der Zeit nach dem Zweiten Weltkrieg, als die russische Prinzessin Natalja Troubestskoy drei solche Katzen als Geschenk von einem Adeligen aus Kairo erhielt. 1953 siedelte die Prinzessin in die Vereinigten Staaten über und nahm ihre Katzen „Liza" und „Baba", ein Silver-Weibchen, sowie deren bronzefarbenen Sohn „Jojo" mit. Diese drei Katzen waren die Begründer der Zuchtpopulation der Prinzessin. Sie begann ihr Programm unter dem Namen „Fatima". Diese Tiere aus der Fatima-Zucht waren die Vorfahren der modernen Ägyptisch Mau. In den Vereinigten Staaten gaben die Züchter neben dem Namen ihrer Katze den Grad der Abstammung von der „Fatima Cattery" an. In den letzten Jahren haben die

Ägyptisch Mau Silver Spotted

Züchter die Blutlinien mit neuen Tieren aus Ägypten und Indien aufgefrischt. In Großbritannien hat die Selektion von Siam-Katzen mit Tabby-Zeichnung eine ganz ähnliche Katze hervorgebracht, die früher auch als Ägyptisch Mau bezeichnet wurde, nun aber zur Vermeidung von Verwechslungen in Oriental Tabby Spotted umbenannt wurde.

Standard: Mittelgroße Katze, etwas kleiner als die Europäisch Kurzhaar, mit mäßig lang gestrecktem Körper und feingliedriger, aber muskulöser Statur. Der Kopf ist stumpf keilförmig ohne flache Partien mit dem typischen Tabby-M auf der Stirn. Die Nase ist zur Stirn hin leicht abgeschrägt, aber ohne deutlichen Stopp. Die Schnauze soll weder zu kurz noch zu spitz sein, die Ohren sind groß, leicht zugespitzt und stehen weit auseinander. Die Augen sind mandelförmig, groß und ausdrucksvoll. Die Hinterbeine sind länger als die Vorderbeine, die Pfoten oval. Der Schwanz ist mittellang und harmoniert mit der Körperlänge. Das Fell ist dicht, geschmeidig, glänzend und mittellang. Die Markierungen sollen regelmäßig auf dem Körper verteilt sein, auch auf dem Bauch sind Flecken erwünscht und werden „Vest Buttons“ (Westenknöpfe) genannt. Das Muster erinnert an einen kleinen Leoparden.

Charakter: Die athletische, schlanke Ägyptisch Mau wird oft mit einem Miniaturleoparden verglichen. Sie ist sehr agil, ein guter Springer und ein schneller Läufer, äußerst aktiv und ungemein neugierig. Sie spielt lieber Fangen als lange Zeit im Arm ihres Besitzers zuzubringen. In der Familie sucht sie sich meist eine Person aus, zu der sie eine besondere Bindung entwickelt. Fremden gegenüber ist sie oft scheu und geht ihnen aus dem Weg. Sie ist nicht sehr „gesprächig“, nur zur Fressenszeit wird sie etwas lautfreudiger. Im Gegensatz zu vielen anderen Rassen ist bei der Ägyptisch

Ägyptisch Mau Black Smoke Spotted

Ägyptisch Mau Bronze Spotted

Mau das Männchen selbstständiger und willensstärker, das Weibchen weniger aktiv. Die Kätzchen sind sehr verspielt und lebhaft und integrieren sich schnell ins familiäre Umfeld. Wenn man sie von Anfang an daran gewöhnt, lässt sich die Ägyptisch Mau auch an der Leine führen und kann ihre zweibeinigen Freunde auf Spaziergängen und Ausflügen begleiten. Sie ist sehr territorial und daher besonders dafür geeignet, in einem Haus mit Garten zu leben, wenn die Wohnung groß genug ist, kann sie jedoch auch dort gehalten werden.

Pflege: Die Fellpflege ist nicht sehr aufwendig, einmal pro Woche bürsten genügt.

Farben: Das Muster der Ägyptisch Mau ist Tabby Spotted. Es gibt drei zugelassene Farbschläge: Silver (schwarze Markierungen auf silberweißem Grund), Bronze (dunkle Markierungen auf goldbraunem Grund) und Smoke (weiße Haarwurzel, dunkelgrau getickt mit deutlich abgegrenzten Flecken). Die Flecken sind zahlreich und regelmäßig verteilt und heben sich gut vom Untergrund ab, die Beine weisen Tabby-Streifen auf, der Schwanz einige deutliche Ringe und eine dunkle Spitze. Auf der Stirn soll das charakteristische Tabby-M deutlich zu sehen sein.

Japanese Bobtail

Typ
Semi-Foreign/ Cobby

Ursprungsgebiet
Japan

Ursprungszeit
18. Jahrhundert

Nationalität
USA

Offizielle Anerkennung
1971

Varietäten
mit halblangem Haar: Japanese Bobtail Longhair

Temperament
sehr anhänglich, mäßig aktiv, sehr lautfreudig

Kurzhaar

Diese Katze hat, wo immer sie im Abendland auftauchte, zwiespältige Gefühle ausgelöst und widersprüchliche Kommentare herausgefordert: Die Adeligen und Reichen schätzten sie als ungewöhnliches und wertvolles „Prestigeobjekt", während sie anderswo kritisiert und sogar grausam verfolgt wurde. Im Orient dagegen ist man der „Stummelschwanzkatze" gegenüber allgemein viel freundlicher eingestellt. In Japan zum Beispiel gilt sie als Glücksbringer.

Geschichten und Legenden: Nach einer alten Legende wurden diesen Katzen in grauer Vorzeit die Schwänze amputiert, damit sie sich nicht in Ungeheuer verwandelten. Eine Katze mit erhobener Vorderpfote und Stummelschwanz ist in Japan als kleines Standbild weitverbreitet. Man nennt diese Statuen „Maneki-neko" und stellt sie vor Eingangstüren als Willkommensgruß auf.

Frühe Geschichte: Die Japanese Bobtail stammt von Hauskatzen ab, die aus China oder Korea nach Japan eingeführt wurden. Das für diese Mutation verantwortliche Gen soll in China schon vor etwa 1000 Jahren aufgetaucht sein und sich von dort nach Japan verbreitet haben. Die ersten Hinweise auf diese Rasse reichen ins 1. Jahrhundert n. Chr. zurück: Sie ist auf Malereien in Tempeln und neben Geisha-Figuren auf Seidenmalereien dargestellt. An den Wänden des Gotojuki-Tempels in Tokio kann man sie bewundern, ebenso als Standbild mit erhobener Vorderpfote vor dem Totokuji-Tempel.

Moderne Geschichte: Die Stummelschwanzkatze hielt in die offizielle Welt der modernen Katzenliebhaberei erst in den Fünzigerjahren Einzug, als sie in den USA populär wurde. Vor dem Zweiten Weltkrieg stand Japan der westlichen Kultur noch nicht wirklich offen, daher gab es auf diesem Gebiet keinen Austausch. Die ersten drei Japanese Bobtail erreichten die USA 1968, die Züchterin Elizabeth Freret hatte sie importiert. Die Rasse

Japanese Bobtail Magpie

wurde von der CFA 1971 anerkannt und 1976 zu Ausstellungen zugelassen. Nach Europa kamen die ersten Exemplare erst in den Achtzigerjahren, die Anerkennung der FIFe erfolgte 1988. In vielen Ländern ist die Rasse noch selten, das heißt, es gibt nur wenige registrierte Exemplare.

Japanese Bobtail
Tortieshell mit Weiß

Standard: Mittelgroße, schlanke, athletische Katze. Der Kopf bildet ein gleichseitiges Dreieck mit perfekt geraden Linien von der Nasen- bis zur Ohrenspitze. Die Ohren sind groß, die Wangenknochen hoch und markant. Die Nase ist lang und gerade mit leichtem Stopp. Die Augen sind oval, die Farbe harmoniert mit der Fellfarbe. Die Hinterbeine sind länger als die Vorderbeine, dadurch hat sie einen leicht hoppelnden Gang. Der Schwanz ist ein eher steifer, üppig behaarter Stummel. Die Länge kann individuell variieren, die Länge der Schwanzwirbel darf jedoch insgesamt 75 mm nicht überschreiten. Er kann gekrümmt, abgewinkelt oder auch spiralig eingedreht sein. Das Fell ist kurz, seidig und sehr dicht, nach amerikanischem Standard werden auch Langhaarvarianten anerkannt.

Pflege: Mehr als das restliche Fell benötigt der buschige Schwanz spezielle Pflege. Er ist sehr empfindlich, es ist darauf zu achten, das Tier beim Kämmen nicht zu verletzen. Für das kurze Fell reicht einmal wöchentliches Bürsten, weiße Katzen sollten öfters gebadet werden.

Charakter: Die Japanese Bobtail hat einen mäßig aktiven Charakter, sie ist wenig aggressiv, sehr anhänglich und sucht die Gesellschaft der Menschen. Sie ist gesellig, auch in ausgewachsenem Alter noch verspielt und trägt gerne Gegenstände herum. Sie ist sehr „gesprächig" und antwortet, wenn man sie beim Namen ruft, mit einem leisen, melodischen Miauen. Die Kätzchen sind sehr lebhaft und wachsen schnell heran. Sie kann gut in der Wohnung gehalten werden, bleibt aber nicht gerne allein. Sie passt sich leicht an ihre Umgebung an und toleriert auch Veränderungen gut.

Farben: Mehrere Farben sind zulässig, die beliebtesten Farbschläge sind Tricolour in Schwarz-Weiß-Rot, genannt Mi-Ke (jap. „drei Felle"), und Bicolour. Siam-, Burma- und Abessinier-Farbschläge sind ausgeschlossen.

Singapura

Typ
Semi-Foreign

Ursprungsgebiet
Singapur

Ursprungszeit
19. Jahrhundert

Nationalität
USA

Offizielle Anerkennung
1979

Temperament
mäßig aktiv, wenig laut-freundlich, zutraulich und anhänglich

Kurzhaar

Im *Guinness-Buch der Rekorde* ist die Singapura die kleinste Hauskatze, ausgewachsene Kater wiegen im Schnitt 3 kg, die Weibchen bringen kaum 2 kg auf die Waage. Die Rasse ist auch in ihrer Adoptivheimat, den USA, noch selten, es gibt bisher weniger als 2000 registrierte Tiere. Die Singapura ist in Großbritannien sehr gefragt.

Moderne Geschichte: In Südostasien gibt es zahlreiche Katzenrassen mit den mehrfach gebänderten (getickten) Fellhaaren, die auch das typische Merkmal der Singapura ausmachen. Die Rasse stammt, wie ihr Name schon sagt, aus Singapur und trägt deren malaiischen Namen. Die ersten Tiere wurden vom Ehepaar Meadow in die Vereinigten Staaten eingeführt. 1971 fielen Hal Meadow auf einer Geschäftsreise nach Singapur die kleinen Streuner auf, die von den Einheimischen wegen ihrer Angewohnheit, selbst an den unappetitlichsten Stellen nach Nahrung zu suchen, „Drain Cats" (Kloakenkatzen), genannt werden. 1974 ging auch seine Frau Tommy, Richterin bei der CFF *(Cat Fancier's Federation)*, nach Singapur und suchte nach typischen Exemplaren, um die Rasse zu fixieren. 1975 stellten die Meadows in den USA die offiziellen Stammeltern der neuen Rasse vor: „Tess", „Tickle" und „Pusse". Die ersten Erfolge stellten sich ein, die Anerkennung der neuen Rasse rückte in greifbare Nähe im Jahr darauf, als die ersten Singapura-Katzen an einer von der *American Cat Fancier's Association* organisierten Ausstellung teilnahmen. Sie wurden in der Kategorie „Neue Rassen und Farben" präsentiert und gewannen schnell die Gunst des Publikums. Die TICA *(The International Cat Association)* und die CFF erkannten die Rasse 1979 an und ließen sie gleichzeitig zur Wettbewerbsklasse zu. 1980 wurde die Singapura von der CFA in der Experimentalklasse für neue Rassen und Farben registriert und 1988 anerkannt. Annie Léotard

Singapura Sable Sepia Agouti

importierte die ersten Exemplare nach Frankreich, in Großbritannien überwand ein Weibchen als erste Singapura die Quarantäne und wurde 1989 importiert.

Standard: Kleine bis mittelgroße, leicht stämmige, muskulöse Katze. Der Kopf ist bis auf den leichten Stopp weit unterhalb der Augen fast perfekt rund. Die Schnauze ist kurz und etwas abgerundet, die Wangenknochen sind hoch und markant, die Stirn gewölbt. Die Nase ist mittellang bis kurz mit leichtem Stopp. Die Ohren sind groß, leicht zugespitzt und stehen nicht zu weit auseinander. Die Augen sind groß, mandelförmig und weder zu stark vorgewölbt noch zu tief sitzend. Besonders geschätzt ist die Augenfarbe Grün, auch Haselnussbraun und Gelb sind zugelassen. Andere Farben sind ausgeschlossen. Das Fell ist sehr kurz und fein und liegt eng am Körper an. Jedes einzelne Haar muss mindestens zweimal dunkel getickt sein, einmal an der Spitze und einmal an der Wurzel, dazwischen liegt ein elfenbeinfarbener Streifen. Die Beine sind feingliedrig, aber kräftig und gut zum Körper proportioniert.

Singapura Sable Sepia Agouti

Charakter: Die Singapura ist mäßig aktiv, äußerst neugierig und sehr agil. Im Familienleben ist sie anhänglich und menschenbezogen, benötigt aber nicht übertrieben viel Zuwendung. Sie ist nicht so „gesprächig" wie die Orientalen und hat eine dünne, leise Stimme. Sie hat keine Angst vor Geräuschen, toleriert Veränderungen gut und ist Fremden gegenüber nicht scheu. Sie ist extrovertiert, freundlich und wenig aggressiv. Sie kann gut mit Kindern oder anderen Tieren zusammenleben und ist auch im ausgewachsenen Alter noch verspielt. Sie liebt Körperkontakt und ist eine richtige Schoßkatze, aber auch ein flinker Kletterer und ein guter Springer. Wegen ihrer geringen Körpergröße ist sie gut als Gefährtin für ältere Menschen geeignet, denn sie ist leicht und lässt sich problemlos hochheben. Wenn sie genügend Platz zum Ausleben ihres Bewegungsdrangs hat, kann sie gut in der Wohnung gehalten werden. Man kann sie auch einige Stunden allein lassen, ohne dass sie Möbel zerkratzt oder Teppiche beschädigt.

Bei Jungtieren erscheint die typische getickte Agoutifarbe erst nach etwa vier Monaten, bei manchen sogar noch später.

Pflege: Die Singapura ist eine pflegeleichte Katze. Da sie jedoch leicht friert, sollte man sie bei Temperaturen unter 10 °C nicht aus dem Haus lassen. Die Würfe sind klein und bestehen normalerweise aus zwei bis drei Kätzchen. Sie erreicht die Geschlechtsreife mit Ende des ersten Lebensjahrs.

Farben: Es gibt nur eine zulässige Farbe, Sepia Agouti mit dunkelbraunem Ticking auf dunkel elfenbeinfarbenem Grund. Bauch, Hals und Schenkelinnenseiten sind nicht getickt und dunkel elfenbeinfarben, am Rücken, am Schwanz, an den Flanken und auf Stirn und Nacken ist das Ticking intensiver. Die Schwanzspitze ist dunkel, über den Rücken verläuft entlang der Wirbelsäule ein dunkler Streifen. Einige Tabby-Markierungen dürfen auf der Innenseite der Vorder- und Hinterbeine zu sehen sein, aber keine Ringe bilden. Der Nasenspiegel ist lachsfarben und ebenso wie Lippen und Augen dunkel umrandet. Am Kopf befinden sich einige dunkle vertikale Markierungen, auf der Stirn sitzt eine M- oder Skarabäus-Zeichnung.

Thai

Die modernen Zuchtbestrebungen haben bei vielen Edelkatzenrassen die typischen Merkmale deutlicher hervorgehoben, sie sind noch größer oder noch kleiner, noch schlanker oder noch runder geworden und haben noch dichteres, längeres oder kürzeres, glänzenderes Haar bekommen. Dadurch kamen die Besonderheiten auf spektakulärere Weise zur Geltung, was zu größerer Popularität und Verbreitung beitrug, aber auch die kritischen Stimmen laut werden ließ, die den Verlust der „natürlichen" Rassenmerkmale beklagten. Die Thai entstand aus der Bestrebung, den alten Typus der freundlichen und sanften Siam zu erhalten und neu zu propagieren, der noch weniger stilisiert und akzentuiert war als der moderne Typ.

Typ
Semi-Foreign

Ursprungsgebiet
Thailand, Südostasien

Ursprungszeit
17. Jahrhundert

Nationalität
Großbritannien

Offizielle Anerkennung
1998

Temperament
aktiv, lautfreudig, anhänglich, mäßig hoher Bedarf an Zuwendung

Kurzhaar

Moderne Geschichte: Gegen Ende der Sechzigerjahre begann eine neue Ästhetik die traditionelle Morphologie der Siam schrittweise abzulösen, sie wurde immer schlanker mit nahezu spindelförmigem Körper, hohen, dünnen Beinen und langem, scharf dreieckigem Kopf. Die alte Form der Siam hat jedoch sowohl als reine Rasse als auch in Form von Kreuzungen mit europäischen Katzen zur Züchtung der speziellen blauäugigen Colourpoint-Farbschläge überlebt. Diese Variante der Siam mit den runderen Konturen und dem ebenso anhänglichen, aber zurückhaltenderen Wesen begeisterte viele Katzenliebhaber. In den Neunzigerjahren schlossen sich einige von ihnen in Italien im *Club Amatori del Gatto di Ceylon – Gruppo di Ricerca Creme Caramel* zusammen. Exemplare mit diesen Charakteristika wurden auf Ausstellungen gezeigt, um sie der Öffentlichkeit zu präsentieren, denn viele Katzenliebhaber erinnerten sich noch wehmütig an die ursprüngliche Siam. Außerdem waren damit die ersten Schritte in Richtung einer Anerkennung als eigene Rasse getan, die unter dem Namen „Creme Caramel" schließlich erfolgte. Aus diesem Projekt wurden die reinen Siamesen des alten Typs jedoch bald ausgeschlossen, denn sie waren bereits von wichtigen Verbänden in anderen Ländern unter der Bezeichnung „Thai" – dem neuen Namen des Königreiches Siam – anerkannt worden. Die Thai kann an Ausstellungen in der Kategorie für neue Rassen teilnehmen und wird, wenn sie dem Standard entspricht, in Italien in das LIR (*Libro Italiano Riconosciuti*) eingetragen. Ab der vierten Generation werden die Nachkommen in das LOI (*Libro Origini Italiani*) eingetragen.

Thai-Seal- Point-Kätzchen

Standard: Die Thai ist eine kompakte, mittelgroße Katze mit kräftigen Beinen und ovalen Pfoten. Der Kopf ist dreieckig mit abgerundeten Kanten, die Nase ist kurz, die Wangen sind besonders beim Männchen voll. Die Augen sind blau und erinnern in ihrer länglich rundlichen Form an Zitronen. Die Ohren stehen weit auseinander, sind an der Basis breit und an der Spitze abgerundet. Das Fell ist dicht, kurz und glänzend. Der Schwanz soll ganz gerade sein. Kleine Unregelmäßigkeiten wie ein hakenförmig aufgebogenes Schwanzende oder verkürzter Schwanz sind kein Ausschlussgrund, nur in der Zucht werden solche Exemplare nicht gerne verwendet. Auch Strabismus, ein in der Vergangenheit weitverbreitetes Merkmal, gilt nicht als schwerer Fehler.

Charakter: Die Thai ist eine sehr aktive Katze und spielt auch als ausgewachsenes Tier noch gerne, sowohl allein als auch mit Artgenossen oder zweibeinigen Gefährten. Sie ist sehr anhänglich, sucht die Gesellschaft der Menschen und genießt es, liebkost zu werden. Auch wenn sie genügend Aufmerksamkeit von allen Mitgliedern „ihrer" Familie bekommt, wird sie sich höchstwahrscheinlich eine Person als besonderen Freund aussuchen und eine enge Bindung zu diesem aufbauen, dabei kann sie auch besitzergreifend sein. Sie sucht aktiv Körperkontakt, springt auf die Schultern oder rollt sich auf dem Schoß zusammen. Wenn sie verschreckt wird, sucht sie Trost und Schutz bei ihrem menschlichen Gefährten. Sie ist gesellig und akzeptiert die Anwesenheit fremder Personen und Hunde, kann aber anderen Katzen gegenüber aggressiv sein. Mit Kindern ist sie sehr duldsam und lässt sich herumtragen und streicheln, besonders, wenn sie von Anfang an daran gewöhnt wurde. Obwohl sie als sehr „gesprächig" gilt, ist sie immer noch weniger aktiv und fordernd als die moderne Siam. Das Weibchen ist aktiver als das Männchen. Aus der Einkreuzung von Europäern hervorgegangene Exemplare können aggressiver und auch scheuer sein. Die Thai kann in der Wohnung gehalten werden, sollte jedoch auch Zugang zum Garten haben. Sie zählt zu Katzen, die man an die Leine gewöhnen kann und die ihre zweibeinigen Freunde auch gerne auf Spaziergängen, Reisen oder Ausflügen begleiten.

Thai Blue Point

Pflege: Die Thai ist eine langlebige, robuste und genügsame Katze. Sie braucht keine spezielle Pflege, einmal pro Woche bürsten genügt, zur Zeit des Fellwechsels etwas häufiger. Sie kann gut einige Stunden allein bleiben, man sollte ihr jedoch jeden Tag ein wenig Zeit widmen und ihr beim Spielen Gesellschaft leisten.

Farben: Alle auch bei der Siam anerkannten Farben sind zulässig. Am bekanntesten ist Seal mit dunkelbraunen Markierungen auf cremefarbenem Grund. Auch Blue, Chocolate, Lilac, Red und Cream sind zugelassen. Bei den Weibchen können die Spitzen auch in Tortie in Schwarz-Rot und der verdünnten Variante Blue-Cream vorkommen. Bei allen Varietäten können die Spitzen Tabby-Markierungen aufweisen.

Korat

Typ
Semi-Foreign

Ursprungsgebiet
Thailand

Ursprungszeit
17. Jahrhundert

Nationalität
USA

Offizielle Anerkennung
1966

Temperament
sensibel, reserviert, verspielt, wenig lautfreudig

Kurzhaar

Korat

In Thailand gelten diese graublauen Katzen als Glücksbringer. Die Farbe Silber symbolisiert Gesundheit, das gedeckte Blau erinnert an die heranziehenden Regenwolken und das Grün der Augen an die Farbe der jungen Reispflanzen, was ein günstiges Vorzeichen für eine gute Ernte bedeutet.

Frühe Geschichte: Diese Rasse stammt aus Thailand und wird dort Si-Sawat genannt, das bedeutet Glück und Wohlstand. Der Name leitet sich von der gleichnamigen thailändischen Provinz her, einem besonders fruchtbaren Gebiet. Die Korat ist in ihrer Heimat bereits seit Jahrhunderten bekannt und geschätzt, sie kommt im *Buch der Katzengedichte* vor, einer in der Nationalbibliothek von Bangkok verwahrten Sammlung antiker Manuskripte aus der Stadt Ayutthaya, der Hauptstadt des antiken Königreiches (1350 bis 1767). Der poetische Text beschreibt sie „mit einem Fell wie Seide, Haarspitzen in der Farbe der Wolken, Haarwurzeln in Silber und Augen so schimmernd wie Tautropfen auf einem Lotusblatt".

Moderne Geschichte: Die dokumentierte Geschichte dieser Rasse in Europa reicht ins Jahr 1896 zurück, als einige Exemplare aus den britischen Kolonien nach Großbritannien eingeführt wurden. Die Zuchtbestrebungen im modernen Sinne begannen erst, als 1959 ein amerikanischer Züchter ein Paar, „Nara" und „Darra", aus Bangkok in die USA einführte. In den folgenden Jahren wurden weitere Exemplare importiert, um Inzuchtproblemen vorzubeugen. Die Rasse wurde 1966 von der CFA anerkannt, 1975

Korat

erfolgte die Anerkennung in Großbritannien, erst 1981 registrierte sie auch die FIFe. Die Korat ist in Europa immer noch selten.

Korat

Standard: Der Körper ist mittelgroß, gut proportioniert und muskulös, aber elegant und im Gesamteindruck harmonisch. Der Kopf ist herzförmig mit rundlichen, gut entwickelten Wangen und kurzer Nase mit angedeutetem Stopp. Die Ohren sind groß, leicht nach vorne geneigt, stehen weit auseinander und sind an der Spitze abgerundet. Die Augen sind groß, rund, leicht schräg gestellt und leuchten in intensivem Grün. Im Vergleich zur Schnauze wirken sie ziemlich groß. Die Beine sind mittellang, die hinteren etwas länger als die vorderen. Der Schwanz ist mittellang mit breiter Wurzel und abgerundeter Spitze. Das Fell ist kurz, fein und glänzend und liegt eng am Körper an, die Unterwolle fehlt.

Einkreuzungen anderer Rassen sind bei der Korat nicht zulässig, Ausstellungskatzen müssen thailändischer Abstammung sein.

Charakter: Die Korat ist eine sensible Katze mit einem eher zurückhaltenden Wesen. Sie ist mäßig aktiv, im Kreis vertrauter Personen gesellig, sonst eher scheu. Sie spielt gerne, schätzt es aber nicht, gegen ihren Willen hochgehoben oder liebkost zu werden. Wenn man sie bereits als Kätzchen daran gewöhnt, ist sie anschmiegsamer. Sie ist zutraulich und hat gerne Gesellschaft, ist aber nicht in überhöhtem Maß auf Zuwendung aus. Sie ist wenig lautfreudig und hat eine leise Stimme. Unbekannte Situationen und laute Geräusche schätzt sie nicht. Sie akzeptiert die Anwesenheit anderer Tiere, doch wenn es um die Aufmerksamkeit des Hausherrn geht, kann sich leicht ein Konkurrenzkampf entspinnen. Sie sucht sich einen besonderen Freund in der Familie aus, zu dem sie eine enge Beziehung aufbaut, übernimmt die Aufgabe der Beschützerin und kann dabei auch besitzergreifend werden. In manchen Blutlinien sind die Individuen weniger sanft und aggressiver, aber auch selbstständiger als die Korat mit thailändischer Abstammung.

Farben: Die einzige zugelassene Farbe ist helles, gleichmäßiges Blaugrau mit silbrigen Haarspitzen. Tabby-Streifen oder Flecken und Schattierungen in anderen Farben sind nicht zugelassen.

Russisch Blau

Typ
Semi-Foreign/
Orientalisch

Ursprungsgebiet
Westrussland

Ursprungszeit
17. Jahrhundert

Nationalität
Großbritannien

Offizielle Anerkennung
1912

Temperament
reserviert, sensibel, wenig aggressiv

Kurzhaar

Man erzählt sich, die Russisch Blau sei die Katze der Zaren gewesen, und die Kosaken hätten sie immer auf dem Rücken dabeigehabt, wenn sie sich in wildem Galopp auf den Feind stürzten. Wahrscheinlich stammt die blaue Fellfarbe auch tatsächlich aus den östlichen Steppengebieten und hat sich von dort aus nach Europa ausgebreitet. Heute ist die Russisch Blau eine seltene und äußerst kostbare Katze.

Frühe Geschichte: Die kurzhaarige blaue Katze aus Russland wurde in Großbritannien wahrscheinlich schon zu Beginn des 17. Jahrhunderts eingeführt. Der erste dokumentierte Nachweis für ihre Präsenz stammt allerdings erst aus dem Jahre 1860, als sie auf einem Schiff aus der Stadt Archangelsk an der britischen Küste eintraf. Bei den englischen Züchtern weckte die besondere Fellfarbe sofort das Interesse und sie begannen mit der Züchtung. Damals waren diese blauen Katzen unter verschiedenen Namen bekannt, wie etwa Blaue Malteserkatze, Erzengelskatze oder Spanisch Blau.

Moderne Geschichte: Bis 1912 wurden alle blauen Katzen bei den britischen Ausstellungen in einer einzigen Kategorie zusammengefasst. Die Russisch Blau wurde also mit den imposanteren Kartäusern und den blauen British verglichen, die das Publikum meistens eindeutig vorzog. Ab 1912 wurden getrennte Kategorien geschaffen, die Russisch Blau trat ab diesem Zeitpunkt in der Klasse „Foreign Blue" an, wo sie sich mit lauter eher schlanken, feingliedrigen Typen messen und besser durchsetzen konnte. Für zahlreiche Rassen bedeutete der Zweite Weltkrieg einen empfindlichen Rückschlag, bei seltenen und daher kleinen Populationen wie bei der Russisch Blau musste man schon die komplette Auslöschung befürchten. Nur dank einer einzigen passionierten britischen Züchterin blieb die Rasse erhalten und in den Fünfzigerjahren begann eine Gruppe britischer und skandinavischer Züchter, die Population durch Einkreuzung von Blue-Point-Siamesen wieder zu vergrößern. Erst 1965 verfolgte die Zucht wieder einen ähnlichen Standard wie vor dem Krieg. Es entstand ein Zwischentyp zwischen

Russisch Blau

der ursprünglichen und der orientalisierten Version. In den Vereinigten Staaten wurde die Rasse Anfang des 20. Jahrhunderts von der CFA anerkannt, doch bis in die Sechzigerjahre blieb die Russisch Blau auch auf Ausstellungen noch eine Rarität.

Russisch Blau

Standard: Der Körper ist lang gestreckt, der Knochenbau feingliedrig, doch die Statur ist muskulös. Der Kopf ist stumpf dreieckig, die Stirn breit und die Wangen voll, das Profil ist gerade, Stirn und Nase sind nur leicht gewölbt. Die Ohren sind groß und stehen weit auseinander, sie sind von ganz feinen, sehr kurzen Haaren bedeckt und wirken dadurch fast durchscheinend. Die Augen sind mandelförmig, intensiv grün gefärbt und stehen weit auseinander. Die Beine sind lang und schlank, der Schwanz ist lang und an der Spitze abgerundet. Das Fell besteht aus kurzen, feinen, weichen Haaren und steht etwas vom Körper ab.

Charakter: Die Russisch Blau ist mäßig aktiv, wenig lautfreudig und hat einen moderaten Bedarf an Zuwendung und Körperkontakt. Sie ist gesellig, Fremden gegenüber jedoch meistens scheu. Innerhalb der Familie sucht sie sich einen besonderen Freund aus und entwickelt eine starke Bindung zu dieser Person. Sie ist wenig aggressiv und verteidigt sich gegen Angriffe kaum, daher ist sie nicht geeignet für das Zusammenleben mit anderen Haustieren oder zu ungestümen Kindern. Sie reagiert sensibel auf den Tonfall in der menschlichen Stimme und antwortet, wenn man sie beim Namen ruft. Laute Geräusche schätzt sie nicht, wenn sie sich bedroht fühlt, flüchtet sie an einen sicheren, erhöhten Platz. Sie ist als Wohnungskatze geeignet, einige Stunden Einsamkeit toleriert sie gut und richtet kaum je Schäden an. Wenn ein Garten vorhanden ist, darf sie natürlich auch ins Freie, jedoch nicht bei Regen und Schnee. Da sie sehr still und zurückhaltend ist, kann es sogar sein, dass der Besitzer nicht einmal merkt, wenn die Katze rollig wird.

Pflege: Die Russisch Blau ist pflegeleicht. Auch zur Zeit des Fellwechsels haart sie kaum. Das Fell wird mit den Händen geglättet oder mit einer weichen Bürste gepflegt. Für ausgewogene, vitaminreiche Ernährung ist zu sorgen.

Farben: Die einzige zulässige Farbe, das Blau – eigentlich ein dunkles, sehr gleichmäßiges, bläuliches Grau – schimmert silbrig. Ältere Individuen werden oft etwas heller. In Australien und Neuseeland wird sie auch in Schwarz und Weiß gezüchtet, doch die meisten Verbände erkennen nur Blau an.

Siam

Typ
Orientalisch

Ursprungsgebiet
Thailand

Ursprungszeit
17. Jahrhundert

Nationalität
Großbritannien

Offizielle Anerkennung
1892

Varietäten
mit langem Haar: Balinese

Temperament
sehr lautfreudig, hoher Bedarf an Zuwendung, sehr aktiv und anhänglich

Kurzhaar

Obwohl in den letzten Jahrzehnten die Zahl der Katzenrassen deutlich zugenommen hat, sind immer noch die majestätische Perserkatze und die elegante Siam der Inbegriff der Edelkatze schlechthin. Diese Rassen stellen auch gleichzeitig die beiden Extreme dar, zu denen die Katzenzucht sowohl im Hinblick auf das äußere Erscheinungsbild als auch auf den Charakter geführt hat.

Geschichten und Legenden: Der aufgebogene Schwanz der Siam, der bei den ersten Exemplaren noch deutlicher ausgeprägt war, soll nach einer Legende dadurch entstanden sein, dass die Prinzessinnen den Katzen immer Ringe auf den Schwanz fädelten, um sie aufzubewahren. Die intelligenten Tiere trugen daraufhin die Schwanzspitze nach vorne gebogen, um die Juwelen nicht zu verlieren. Ein anderes, in der Vergangenheit häufiges Merkmal dieser Katzen war Strabismus, der „Silberblick" wurde im Orient sehr geschätzt. Es gibt eine Legende, die für den krummen Schwanz und den Silberblick gleichzeitig eine Erklärung bietet: Die Siamkatzen hatten in den Tempeln die Aufgabe, die kostbaren Vasen zu bewachen. Um ihren Auftrag gut zu erfüllen, setzte sich jede Katze dicht neben eine davon, schlang den Schwanz um die Vase und fixierte sie noch zusätzlich mit den Augen. Heute gelten diese beiden Merkmale als Fehler und sind in der reinrassigen Population selten geworden.

Siam Lilac Point

Siam Blue Point

Frühe Geschichte: Die ersten Erwähnungen der Siam stammen aus Ayutthaya, der 1767 zerstörten Hauptstadt des alten Königreiches Siam (1350 bis 1767). Im *Buch der Hofmaler,* einem aus dieser Zeit datierenden Manuskript, das in einem Museum in Bangkok aufbewahrt wird, ist von zwei Varianten der Siamkatze zu lesen. Die eine, wertvollere, ist die sogenannte „königliche" Siam mit elfenbeinfarbenem Körper und dunklen Spitzen, die andere, ebenso geschätzt aber weniger „nobel", hat einen schokoladenbraunen Körper und ebenfalls dunkle Spitzen und entspricht der heutigen Burma. Diese Katzen waren allein dem Königshaus vorbehalten und galten als Tempelwächter. Westliche Reisende konnten nur voller Bewunderung von diesen Katzen berichten, denn wie der deutsche Forscher Peter Simon Pallas 1793 schrieb, war der Handel mit ihnen verboten. Die ersten Siamkatzen kamen erst Ende des 19. Jahrhunderts nach Europa.

Moderne Geschichte: Den USA und Großbritannien gebührt gleichermaßen die Ehre, die Siam in die westliche Welt eingeführt zu haben. 1878 schenkte der US-Konsul David Stickles ein erstes Exemplar Mrs. Rutherford B. Hayes, 1884 erhielt der britische Konsul Owen Gould einen Kater und eine Kätzin namens „Pho“ und „Mia“ vom König von Siam geschenkt. Durch diese beiden Exemplare wurde die Siam in Großbritannien bekannt. In den folgenden Jahren kamen weitere Tiere nach England, besonders zu erwähnen sind „Tiam O'Shian“ und „Susan“ aus dem Besitz von Mrs. Forester Walker: Diese beiden Katzen und ihre zahlreiche Nachkommenschaft trugen wesentlich dazu bei, die Rasse in Europa zu verbreiten. Der erste Standard wurde 1892 in Großbritannien verfasst, doch obwohl die neue Rasse mit ihrem extravaganten, elfenbeinfarbenen Fellkleid viel bestaunt wurde, war der Empfang bei den ersten Katzenausstellungen doch eher kühl. Die Gründe dafür waren das extrem kurze Fell und die schlanke Gestalt, die für den britischen Geschmack doch sehr fremdartig wirkten und an das unfreundliche nordeuropäische Klima wenig angepasst erschienen. Bei der Ausstellung im Crystal Palace 1885 wurde dennoch eine Siam zur „Schönsten Kurzhaarkatze der Ausstellung“ gekürt. 1914 legte die amerikanische *Siamese Cat Society* ihren Rassestandard fest, der 1927 von der CFA anerkannt wurde. In den ersten Jahren des 20. Jahrhunderts verzeichnete die Siam schließlich wachsende Erfolge, doch die plötzliche starke Nachfrage führte in den Zwanzigerjahren zu Inzuchtproblemen und schwächte die Gesundheit der Rasse. Auch die beiden Weltkriege bedeuteten einen Rückschlag für die Siam-Population, besonders in Europa und das Erscheinen der zahlreichen neuen Rassen trug ebenfalls dazu bei. Die modernen Zuchtkriterien bevorzugen eine stark stilisierte Form mit fast überzeichnet schlankem, lang gestrecktem Körper, der den Anhängern der traditionellen Rasse nicht immer gefällt.

Standard: Die Siam hat einen lang gestreckten, eleganten, fast spindelförmig schlanken, feingliedrigen und gleichzeitig muskulösen Körper. Der Kopf ist mittelgroß und bildet ein perfektes gleichseitiges Dreieck von der Nase bis zu den Ohrenspitzen mit geraden Linien ohne Einbuchtung an den Schnurrhaarkissen. Das Profil ist lang, leicht gewölbt und ohne Stopp. Die Ohren sind groß, an der Basis breit und stehen weit auseinander. Die mandelförmigen Augen sind möglichst intensiv blau und schräg gestellt. Der Hals ist lang und dünn. Die Beine sind lang und sehr schlank mit kleinen, ovalen Pfoten. Der Schwanz ist sehr lang und dünn und läuft in eine lange, schmale Spitze aus. Das Fell ist kurz, fein, seidig und glänzend und liegt sehr dicht am Körper an.

Charakter: Das Wesen der Siam ist ebenso besonders wie ihre Erscheinung. Sie ist sehr lautfreudig und hat eine unverwechselbare, etwas heiser klingende Stimme. Besonders zum Zeitpunkt des Eisprungs kann das durchdringende Miauen der Weibchen für den Besitzer auch zur Last werden. Sie ist sehr aktiv und versucht ständig im Mittelpunkt der Aufmerksamkeit zu stehen, allein gelassen oder nicht beachtet zu werden, gefällt ihr gar nicht. Sie ist sehr anhänglich und baut eine fast an ein Hörigkeitsverhältnis erinnernde enge Beziehung zu den Menschen auf, mit denen sie zusammenlebt, dabei ist sie besitzergreifend und eifersüchtig. Sie ist sehr sensibel und sollte deshalb mit sanfter Strenge erzogen werden. Auch erwachsene Tiere sind verspielt und neugierig, außerdem sind sie sehr intelligent: Sie können an der Leine gehen und apportieren lernen und antworten, wenn man sie beim Namen ruft. Andere Tiere akzeptiert die Siam problemlos, wenn sie von frühester Kindheit an daran gewöhnt wurde; für Schulkinder kann sie eine gute Spielgefährtin sein. Sie braucht viel Ruhe und ein konstantes Maß an Zuwendung und Aufmerksamkeit für ihr seelisches Gleichgewicht. Der ideale Gefährte für die Siam ist nicht nervös oder reizbar und impulsiv, sondern ausgeglichen und dynamisch und schätzt die Lebhaftigkeit dieser Katze ebenso wie ihre Anhänglichkeit und Sensibilität.

Pflege: Das kurze Fell benötigt keine spezielle Pflege, ein paar Bürstenstriche ab und zu halten es sauber und ordentlich; während des Fellwechsels muss man etwas öfter bürsten. Wegen ihres sehr kurzen und dünnen Fells sind Siamkatzen gegen Temperaturschwankungen, Kälte und Nässe sehr empfindlich. Sie können mager- oder auch fettsüchtig sein, da sie wegen ihrer großen Sensibilität für Stress anfällig sind. Eine der schlechten Angewohnheiten, die bei dieser Rasse bekannt sind, ist das Saugen an Textilien, vorzugsweise Wolle. Besonders häufig kommt das bei Kätzchen vor, die zu früh von der Mutter entwöhnt wurden. Die Verhaltensstörung

Siam Blue Point

tritt nach der Entwöhnung auf und geht normalerweise mit Erreichen der Geschlechtsreife vorüber, bei sensiblen Exemplaren kann sie jedoch über Jahre hinweg andauern. Bei allen orientalischen Katzen ist es wichtig, die Kätzchen länger als gewöhnlich bei der Mutter zu lassen, sie zusätzlich mit fester Nahrung zu versorgen und sie beim ersten Anzeichen mit einem Spielzeug oder einem Leckerbissen abzulenken sowie alle Textilien aus ihrer Reichweite zu entfernen, die sie zu diesem Verhalten anregen könnten. Außerdem sind Siamkatzen sehr empfindlich gegen Anästhetika.

Farben: Die Siam ist wegen ihrer besonderen Farbgebung bekannt, die man Colourpoint oder Pointed nennt. Dabei sind die peripheren Körperteile, wo die Körpertemperatur niedriger ist, wie Beine, Schwanz, Nase und Ohren, stärker pigmentiert als der Rumpf. Die Maske soll sich nicht über den gesamten Kopf erstrecken, der Körper muss gleichmäßig gefärbt sein, eine leichte dunkle Schattierung der Flanken ist erlaubt, der Kontrast zwischen dem hellen Rumpf und den dunklen Spitzen soll jedoch gut zu erkennen sein. Die vom amerikanischen Standard zugelassenen Farben sind Seal mit fast schwarzen Spitzen und blass elfenbeinfarbenem Körper, Blue mit dunkel silber- oder schiefergrauen Spitzen und grauem Körper, Chocolate mit schokoladenbraunen Spitzen und blass elfenbeinfarbenem Körper und Lilac mit roségrauen Spitzen und weißem Körper. Im britischen und europäischen Standard sind auch die Farben Red und Cream sowie Tortie und Tabby Point zugelassen. Bei allen Farbschlägen sind die Augen intensiv blau.

Siam Seal Point

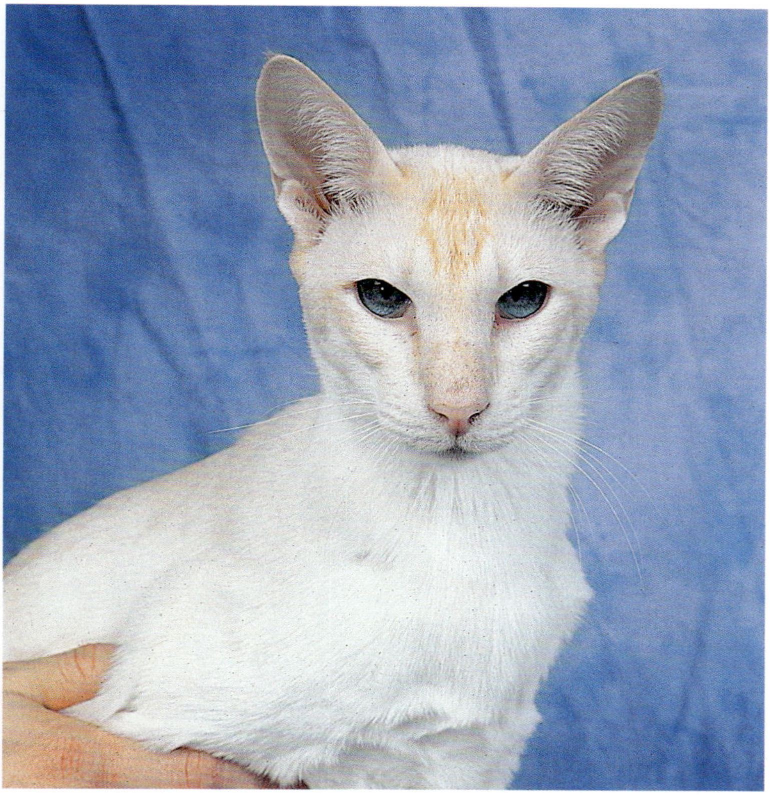

Siam Red Point (USA: Foreign Shorthair Red Point)

Das Siam-Gen (Himalayan)

Siamkätzchen kommen ganz weiß zur Welt. Erst mit der Zeit werden sie durch das Himalayan-Gen dunkler. Diese spezielle Erbanlage bewirkt, dass die Pigmente sich an Stellen mit niedrigerer Körpertemperatur stärker konzentrieren. Das sind die Schnauze, die Ohren, die Beine, der Schwanz und bei Männchen die Hoden. Auch nach der Geschlechtsreife setzt sich diese Entwicklung fort. Alle Siamesen dunkeln mit der Zeit nach. Da das Fell in den ersten Lebensjahren am schönsten ist, endet die Karriere von Ausstellungskatzen meist schon im Alter von drei oder vier Jahren, denn dann beginnt sich der Kontrast zwischen Spitzen und Grund zu verringern.

Colourpoint Shorthair: In den USA akzeptieren die Siam-Zuchtverbände nur die vier Farben Seal, Blue, Lilac und Chocolate. Dieser Standard wurde geschaffen, um in die Siam-Rasse andere Farben und Muster einzubringen. Aus der Kreuzung einer Siam, einer roten Hauskatze und einer Abessinier entstanden die Varietäten Red Point, Cream Point und Tortie Point. Die Colourpoint-Zucht geht auf das Jahr 1947 zurück, wurde von der CFA jedoch erst 1974 anerkannt. Tabby-Markierungen werden nach amerikanischem Standard als Lynx bezeichnet, es gibt zahlreiche zulässige Farben.

Oriental (Orientalisch Kurzhaar)

Typ
Orientalisch

Ursprungsgebiet
Großbritannien

Ursprungszeit
1950

Nationalität
Großbritannien

Offizielle Anerkennung
1960

Varietäten
mit halblangem Haar: Javanese

Temperament
hoher Bedarf an Zuwendung, sehr anhänglich, lebhaft, sehr lautfreudig

Kurzhaar

Kurzhaarkatzen mit ähnlichem Standard wie die Siam werden in Großbritannien und in den Vereinigten Staaten unterschiedlich klassifiziert: Großbritannien erkennt die Siam in allen Colourpoint-Varianten an, einfarbige Varianten werden als Foreign Shorthair bezeichnet, die mit geflecktem, gestromtem und getigertem Fell als Oriental. In den Vereinigten Staaten ist die Siam nur in den vier Farben Seal, Chocolate, Lilac und Blue zugelassen, alle anderen Colourpoint-Farben fallen unter Colourpoint Shorthair; Oriental heißen alle anderen Farbschläge, einfarbige ebenso wie Tabbys, Tortie, Smoke, Shaded und Bicolour.

Oriental Weiß

Moderne Geschichte: Die wie die Siam ebenfalls aus Thailand stammende Oriental unterscheidet sich von Ersterer nur durch zwei Merkmale: die über den ganzen Körper verteilte Farbe und die nicht immer blauen, sondern manchmal auch grünen Augen. Einige einfarbige typische Orientalen tauchten in Großbritannien bereits Ende des 19. Jahrhunderts auf. Das damalige Erscheinungsbild des orientalischen Typs war weniger lang gestreckt und stilisiert als heute, daher waren die am spektakulärsten wirkenden Exemplare zu dieser Zeit die mit der Point-Färbung. Die Züchter konzentrierten sich auf die Siam und vernachlässigten alle anderen Farben, bis sie in den Fünfzigerjahren praktisch überhaupt nicht mehr existierten. Nach dem Zweiten Weltkrieg jedoch wuchs das Interesse an bisher weniger oder nicht bekannten Rassen im Allgemeinen, und so stießen sie auch wieder auf diesen siamartigen Katzentyp ohne die typische Spitzenfärbung. Die erste selektierte Farbe war Chocolate, sie wird durch Einkreuzung anderer Kurzhaarrassen erzielt.

Oriental Schwarz

Oriental Silver Spotted

Reinweiß erschien in Großbritannien 1960 und wurde unter dem Namen Foreign White anerkannt. Die Rasse wurde mit Begeisterung aufgenommen, unter anderem auch weil die Bemühungen der Züchter eine Möglichkeit darstellen, dem damals noch weitverbreiteten Taubheitsproblem der blauäugigen weißen Katzen aus dem Weg zu gehen. 1968 wurde die Varietät Blue anerkannt, zur gleichen Zeit wurde die Rasse auch in die Vereinigten Staaten exportiert, wo sie von der CFA 1972 unter dem Namen Oriental Shorthair registriert und 1977 zu den Meisterschaften zugelassen wurde.

Standard: Die Oriental weist dieselben morphologischen Charakteristika auf wie die Siam: lang gestreckter, eleganter, schlanker, muskulöser Körper mit mittelgroßem Kopf. Dieser bildet ein gleichseitiges Dreieck von der Nasenspitze bis zu den Ohrenspitzen mit geraden Linien ohne Einbuchtung an den Schnurrhaarkissen. Das Profil ist lang und gerade mit nur leicht gewölbter Stirn und ohne Stopp. Die Ohren sind groß, an der Basis breit und stehen weit auseinander. Die mandelförmigen Augen sind blau, je intensiver, desto besser, und schräg gestellt. Der Hals ist lang und dünn. Die Beine sind lang und sehr schlank mit kleinen, ovalen Pfoten. Der Schwanz ist sehr lang und dünn und läuft in eine lange, schmale Spitze aus. Das Fell ist kurz, fein, seidig und glänzend und liegt extrem dicht am Körper an.

Charakter: Die Oriental hat ein ähnliches Temperament wie die Siam, sie verlangt viel Zuwendung, liebt Körperkontakt und toleriert es schlecht, nicht beachtet zu werden. Sie kann sich ihrem „Lieblingsmenschen" gegenüber besitzergreifend und eifersüchtig zeigen. Sie ist sehr zutraulich, gesellig und anschmiegsam und kann gut mit Kindern, aber auch Hunden und anderen Katzen zusammenleben, was eine Möglichkeit darstellt, die Zeit

Oriental Lilac Tabby Spotted

der Abwesenheit der Besitzer für die Katze erträglich zu gestalten. Wenn der Besitzer zu Hause ist, kann sie sich dem „Konkurrenten“ gegenüber jedoch oft unduldsam und aggressiv zeigen. Als Kätzchen passt sie sich leicht an Veränderungen an, später ist sie stärker an den Ort oder ihre Lebensgewohnheiten gebunden. Diese Katzen reifen schnell heran, sind sehr „gesprächig“ und lebhaft und beobachten aufmerksam alles, was um sie herum geschieht. Sie sind intelligent und man kann ihnen mit kleinen Belohnungen und Lob so manches „Kunststück“ beibringen. Wegen ihrer starken Anhänglichkeit und großen Sensibilität sollten sie von frühester Kindheit an mit viel Geduld und sanfter, aber konsequenter Hand erzogen werden. Die Oriental kann gut in der Wohnung gehalten werden, sofern sie genügend Aufmerksamkeit und Zuwendung sowie reichlich Gelegenheit zum Spielen erhält.

Pflege: Das Fell benötigt keine besondere Pflege, umso wichtiger ist es aber, auf den Speiseplan zu achten: Die Oriental soll schlank sein! Wegen des sehr kurzen, dünnen Fells sollte sie keinen Temperaturschwankungen ausgesetzt sein. Außerdem ist es wichtig, dass Gemüt und Lebensrhythmus des Besitzers zum sehr aktiven und anhänglichen Wesen dieser Edelkatze passen. Die Oriental schätzt es nicht, öfters allein gelassen oder nicht beachtet zu werden.

Oriental Schwarz

Oriental Tabby Blotched

Farben: Alle aus dem Standard der Siam ausgeschlossenen Farben sind zugelassen, manche Verbände erkennen auch Bicolour-Varianten an. Die einfarbigen Varianten können *solid* (dicht) oder *diluited* (verdünnt) sein, wie Weiß, Schwarz, Red, Blue, Lilac, Cinnamon, Chocolate, Cream, auch Silver oder alle diese Farben in der Variante Shaded oder Smoke. Die Oriental in Weiß wird in Großbritannien Foreign White genannt und ist der einzige gezielt gezüchtete Farbschlag. Man beabsichtigte damit, die blauen Augen der Siam mit genetisch dominantem Weiß zu kombinieren, um das Taubheitsproblem auszuschließen. Außerdem werden Abessinier-Farbschläge mit Agouti-Fell, Tortie und Calico Schwarz-Rot und Blue-Cream, Chocolate Tortie, Cinnamon Tortie, Lilac Cream und Torbie (Tabby-Tortie) anerkannt.

Tabby in den drei Varianten Mackerel, Blotched und Spotted ist ebenfalls zugelassen. Die Oriental Tabby Spotted wurde in der Vergangenheit in Großbritannien Ägyptisch Mau genannt, doch dieser Name wurde geändert, um Verwechslungen mit der gleichnamigen amerikanischen Rasse vorzubeugen. Bei einfarbigen Oriental muss das Haar gleichmäßig von der Wurzel bis zur Spitze durchgefärbt sein, bei Tabbys hat die Klarheit der Zeichnung einen hohen Stellenwert bei der Bewertung durch die Richter.

Die Varietät Havana entstand 1950 aus einer Kreuzung einer Siam Chocolate Point mit einer schwarzen Hauskatze ohne Stammbaum. Bis 1970 war sie in Großbritannien unter dem Namen Chestnut Brown Foreign bekannt, heute zählt sie zur Rasse Oriental. Die amerikanische Form, genannt Havana Brown, hat einen eigenen Standard mit runderem Kopf und kürzerer Nase entwickelt, Verpaarungen mit Siamesen sind ausgeschlossen. Anfangs wurde die Rasse Havana Brown in Europa nicht anerkannt, man fand, sie sähe der Burma zu ähnlich. In den Vereinigten Staaten wurde sie 1959 von der CFA anerkannt und 1964 zu Wettbewerben zugelassen.

Tonkinese

Typ
Orientalisch

Ursprungsgebiet
Kanada

Ursprungszeit
1960

Nationalität
Kanada

Offizielle Anerkennung
1974

Temperament
sehr aktiv, sensibel, anhänglich, sehr lautfreudig, hoher Bedarf an Zuwendung

Kurzhaar

Tonkinese Mink

Rassekatzen werden in erster Linie wegen ihres Aussehens gezüchtet, doch zu den Zielen der Selektion gehört auch das Wesen, das bei einem Gesellschaftstier wenig aggressiv, gesellig und zutraulich sein muss. Bei der Tonkinese kommt den Wesensmerkmalen vielleicht noch mehr Bedeutung zu als dem äußeren Erscheinungsbild. Erwünscht ist ein extrovertierter, lebhafter Charakter mit hohem Bedarf an Zuwendung und Körperkontakt und stark menschenbezogenem Wesen.

Moderne Geschichte: Aus dem alten Königreich Siam stammen zwei der beliebtesten und am meisten verbreiteten Katzenrassen der Welt: die Siam und die Burma. Dabei soll ausgerechnet die erste in die USA eingeführte Burmakatze, ,,Wong Mau'', gar nicht wie ursprünglich angenommen eine reinrassige Burmesin gewesen sein, sondern in Wirklichkeit eine Kreuzung aus Burma und Siam. Als die Kätzin mit einem Siam-Kater verpaart wurde, befanden sich im Wurf nämlich sowohl Kätzchen, die den beiden Rassen in Reinform entsprachen, als auch solche, die dazwischen liegende Charakteristika aufwiesen. Diese Varietät

Tonkinese Mink

Tonkinese Mink

wurde später unter dem Namen Tonkinese anerkannt. Die eigentliche Selektion erfolgte vor allem in Kanada Anfang der Sechzigerjahre, als Margaret Conroy von einer Katze träumte, die die besten Eigenschaften der beiden bisher von ihr gezüchteten Rassen in sich vereint: eine neue Edelkatze mit der Intelligenz der Siam und dem sanften, anhänglichen Wesen der Burma. Am Anfang des Selektionsprogramms standen ein Siam-Weibchen und ein Burma-Kater. Die neue Rasse wurde der CCA *(Canadian Cat Association)* vorgestellt und zunächst in die Experimentalklasse aufgenommen, 1974 schließlich als neue Rasse anerkannt. Die CFA registrierte die Rasse 1978 und ließ sie 1984 zu den Meisterschaften zu. Heute erkennen alle US-amerikanischen und europäischen Verbände die Tonkinese an. Manche Verbände lassen ausschließlich die Verpaarung reinrassiger Tonkinesen zu, andere akzeptieren auch die Einkreuzung von Siam und Burma. In manchen europäischen Ländern ist die Rasse noch selten, erfreut sich aber zunehmender Beliebtheit.

Standard: Die Tonkinese erinnert in vielerlei Hinsicht an den alten Typ der mittelgroßen, athletischen Siam. Der Kopf ist stumpf keilförmig mit quadratischer Schnauze, hohen Wangenknochen und leichtem Stopp. Die Stirn ist sanft gewölbt. Die Ohren sind mittelgroß mit breiter Basis und ovaler Spitze, stehen weit auseinander und sind von kurzem Haar bedeckt. Die Augen sind mandelförmig, blaugrün und möglichst strahlend und ausdrucksvoll. Der Körper ist mittellang und muskulös, der Schwanz gut zum Körper proportioniert und schmal zulaufend. Die Tonkinese ist schwerer, als sie aussieht, die Männchen sind größer und muskulöser als die Weibchen.

Die Beine sind mittellang und eher kräftig, die hinteren sind länger als die vorderen. Die Pfoten sind oval. Das Fell ist kurz und fein und liegt eng am Körper an.

Charakter: Die Tonkinese ist sehr aktiv, sensibel und anhänglich. Sie ist „gesprächig" und hat einen hohen Bedarf an Zuwendung. Sie liebt Körperkontakt und bleibt manchmal sogar bei allen Tätigkeiten auf den Schultern ihres menschlichen Gefährten liegen. Sie ist allen Menschen gegenüber freundlich und extrovertiert, zu den ihr vertrauten Personen entwickelt sie eine enge Beziehung, wobei sie auch besitzergreifend und

Tonkinese Mink

Tonkinese Mink Chocolate

Tonkinese Lilac Sepia

eifersüchtig werden kann. Als Kätzchen ist sie ein richtiger Wildfang. Von der Siam hat sie den starken Charakter geerbt, wenn auch in weniger ausgeprägter Form. Die Tonkinese ist keine Sofakatze, sie möchte aktiv am Familienleben teilnehmen und toleriert Einsamkeit oder Nichtbeachtung schlecht. Sie kann gut in der Wohnung gehalten werden, vorausgesetzt, man beschäftigt sich genügend mit ihr.

Pflege: In Bezug auf Fell und Gesundheit benötigt die Tonkinese keine besondere Pflege, doch sie hat einen hohen Bedarf an Zuwendung und braucht viel Ansprache. Damit ein solches Kätzchen harmonisch heranwachsen kann, benötigt es viel Zärtlichkeit und Gesellschaft, aber auch ein gewisses Maß an wohl dosierter Strenge. Sie ist nicht für empfindliche oder reizbare Menschen geeignet, auch nicht für Berufstätige, die wenig

Zeit für ihre Katze haben. Das Fell kann mit einem Seidentuch abgerieben werden, so kommt der Glanz richtig zur Geltung, was besonders bei Ausstellungskatzen wichtig ist.

Farben: Es gibt drei zulässige Farbschläge, Sepia, die typische Burma-Farbe, Point, die typische Siam-Farbe, oder die für die Tonkinese typische Farbe Mink mit zwischen den beiden Ausgangsrassen liegenden Merkmalen. Die anerkannten Farben sind Natural Mink, Champagne Mink, Blue Mink, Honey Mink und Platinum Mink. Der Farbton muss intensiv und gut ausgeprägt sein. Bei Kätzchen und Jungkatzen werden ganz leichte Tabby-Markierungen toleriert. Die größten Verbände akzeptieren seit einiger Zeit auch die Farben Red, Cream, Cinnamon, Fawn und Tortie.

Tonkinese Mink Silver Tortie

In den ersten Jahren nach dem Entstehen der Rasse wurden diese Katzen wegen des goldbronzefarbenen Tons auch Golden Siam genannt.

Cornish Rex

Typ	Orientalisch
Ursprungsgebiet	Großbritannien
Ursprungszeit	1950
Nationalität	Großbritannien
Offizielle Anerkennung	1967
Temperament	sehr aktiv, sehr lautfreudig, hoher Bedarf an Zuwendung
Kurzhaar	

Nach den beiden Weltkriegen erfuhr die Katzenliebhaberei einen neuen Aufschwung: Die Züchter begnügten sich nicht damit, die alten und bereits anerkannten Rassen zu rekonstruieren, sie suchten auch unermüdlich nach neuen Varietäten und arbeiteten an deren Selektion. In diesem Klima wurde „Kallibunker" geboren, das erste Rex-Kätzchen. Heute sind die Katzenrassen mit gewelltem Haar bereits eine kleine Familie: Cornish, Devon, Selkirk und German Rex.

Moderne Geschichte: Am 21. Juli 1950 kam auf der Farm Bodmin Moor in Cornwall (Großbritannien) das erste Exemplar dieser Rasse zur Welt. Im Wurf von „Serena", einer gewöhnlichen Hauskatze, befanden sich vier Kätzchen mit normalem und ein rot-weißes mit weichem, gewelltem Haar. Dieses Kätzchen sah ganz anders aus als seine Geschwister und war keiner bekannten Katzenrasse zuzuordnen. Die Besitzerin Nina Ennismore hatte früher einmal Kaninchen der Rasse Astrex gezüchtet, die ebenfalls gewelltes Haar haben, und war sich darum der Einmaligkeit des Ereignisses bewusst. Der erste Versuch einer weiteren Fixierung dieses Merkmals erfolgte durch eine erneute Verpaarung von Serena mit ihrem Sohn, der inzwischen den Namen „Kallibunker" erhalten hatte. Tatsächlich hatten die Kätzchen gewelltes Haar. Das für das gewellte Haar verantwortliche Gen ist rezessiv, das heißt, dass beide Eltern Träger sein müssen, damit es sich manifestiert. 1956 musste Nina Ennismore das Programm unterbrechen, es wurde erst 1960 mit Hilfe des Züchters Stirling Webb wieder aufgenommen. Um die Rasse zu rekonstruieren und die bisher aufgetretenen Inzuchtprobleme zu umgehen, wurden andere Rassen eingekreuzt, vor allem Siam. Dies führte aber unweigerlich dazu, dass die ursprüngliche Gestalt sich ebenfalls veränderte. Anlässlich der 27. Katzenausstellung in Paris wurde die Cornish Rex offiziell vorgestellt und 1967 in Großbritannien anerkannt. Die Rasse wurde ab 1960 in die Vereinigten Staaten importiert und 1979 von der CFA anerkannt. In den USA bevorzugen die Züchter sehr schlanke, feingliedrige Tiere mit dem für die amerikanische Varietät typischen ovalen Kopf. Die britische Cornish ist kräftiger und hat markantere Gesichtszüge.

Cornish Rex Blue mit Weiß

Standard: Die Cornish Rex ist eine lang gestreckte, hochbeinige Katze mit sehr schlanken Beinen, hohem Rücken und feingliedrigem Knochenbau. Die ebenfalls lang gestreckte, gut ausgebildete, sehnige Muskulatur erinnert an die eines Hasen. Der Kopf ist oval mit gewölbtem Profil und flachem Oberkopf. Die Augen sind mandelförmig und leicht schräg gestellt, die Farbe variiert je nach Fellfarbe. Die Ohren sind groß mit abgerundeter Spitze, sitzen hoch am Kopf und sind von ganz feinem Flaum bedeckt. Mit den kleinen,

Cornish Rex Weiß mit ungleichen Augen

Bei der Geburt sind die Cornish-Kätzchen glatthaarig oder werden es nach wenigen Wochen. Erst nach ein paar Monaten entwickelt sich das typische gewellte, dichte und feine Fell, das an ein Lämmchen oder auch an ein Astrex-Kaninchen erinnert.

ovalen Pfoten und den längeren Hinterbeinen ist die Cornish ein agiler Springer. Das Fell ist weich und gewellt, durch das Fehlen groben Deckhaars fühlt es sich fein und samtig an. Der Qualität des Fells kommt bei der Beurteilung erhöhte Bedeutung zu. Es muss über die gesamte Körperlänge möglichst gleichmäßig gewellt sein und gut am Körper anliegen. Auch wenn es stellenweise sehr kurz ist wie etwa an der Kinnunterseite, am Bauch und an der Brust, darf es nirgends ganz fehlen.

Charakter: Die Cornish ist sehr aktiv, sensibel und lautfreudig. Diese lebhafte Katze braucht viel Zuwendung, sie ist wenig aggressiv und kann gut mit Kindern, älteren oder auch behinderten Menschen zusammenleben. Sie ist das perfekte Schoßtier, sucht den Körperkontakt ständig und lässt sich gerne hochheben und herumtragen. Sie soll sehr sanft und hauptsächlich mit Belohnungen erzogen werden, auf Tadel und Strafe reagiert diese sensible Katze schlecht. Es kann aber trotz ihrer empfindsamen Natur schwierig sein, sie an etwas zu hindern, was sie tun will. Manchmal ist eine kleine Strafmaßnahme deshalb unbedingt notwendig, wie etwa sie einige Minuten allein in einem Nebenzimmer zu lassen. Sie verhält sich Fremden gegenüber gesellig und hat keine Angst vor Geräuschen, wenn sie schon als Kätzchen daran gewöhnt wurde, toleriert sie sogar den Staubsauger. Sie kann ein paar Stunden allein bleiben, schätzt die Einsamkeit jedoch nicht, daher sollte man besser eine zweite Katze anschaffen, wenn man öfters abwesend ist. Sie fällt auch durch ihre besonders „gestenreiche" Körpersprache auf, oft führt sie zum Beispiel die Hand ihres menschlichen Gefährten mit den Vorderpfoten zum Maul, um sie zu lecken. Sie neigt zur Gefräßigkeit und toleriert niedrige Temperaturen oder Temperaturschwankungen schlecht. Im Winter schläft sie gerne unter einer Decke. Im Garten sollte man sie nicht unbeobachtet lassen. Sie lässt sich auch an die Leine gewöhnen.

Pflege: Das kurze Fell ist pflegeleicht, doch sie benötigt Schutz gegen zu niedrige Temperaturen. Hypotrichose ist eine erbliche Störung, die bei dieser Rasse vorkommen kann. Betroffene Kätzchen werden mit spärlichem Haarbewuchs geboren, die wenigen Haare fallen leicht aus und sind nach 10 bis 14 Tagen ganz verschwunden. Die Ernährung sollte abwechslungsreich sein und zur Zeit des Fellwechsels mit Vitamin A angereichert werden. Die richtige Nahrungsmenge ist unbedingt zu ermitteln und einzuhalten. Das Fell wird mit den Händen oder mit einem Lederhandschuh geglättet.

Farben: Zugelassen sind Weiß, Cream, Red, Blue, Schwarz, Silver Shaded, Black Smoke, Blue Smoke, Tabby Blotched, Tabby Mackerel, Patched Tabby, Patched Tabby Chocolate, Blue Silver, Silver Tabby, Brown, Blue, Tortie, Tricolour, Tricolour Diluited, Blue-Cream, Van Blue-Cream, Bicolour mit Weiß, Van Bicolour und so gut wie alle anderen Farben und Muster, auch die Siam-Markierungen (Si-Rex). Zweifarbige Varianten werden besonders in den USA geschätzt.

Devon Rex

Devon Rex Chocolate Point

Diese Rasse scheint von einem anderen Planeten zu kommen, so fremdartig sieht die Devon mit ihren großen Ohren und den weit aufgerissenen, immer erstaunt wirkenden Augen aus. Diese beiden Merkmale haben sie auch in der ganzen Welt berühmt gemacht. Das unverwechselbare Gesicht der Devon Rex war Vorbild für einige Figuren aus Science-Fiction-Filmen wie Spielbergs *E. T.* oder die Figur Yoda aus *Krieg der Sterne*.

Moderne Geschichte: 1960 entdeckte die leidenschaftliche Katzenliebhaberin Miss Cox aus Buckfastleigh in Devon (Großbritannien) ein graues, gelocktes Kätzchen in einer Katzenkolonie an einer aufgelassenen Mühle in der Nähe ihres Hauses. Katzen mit gewelltem Fell waren damals seit etwa 10 Jahren bekannt, als die Cornish Rex aufgekommen war. Miss Cox erkannte sofort die Besonderheit des gelockten Fells und adoptierte das Kätzchen. Sie taufte es auf den Namen „Kirlee", eine Anspielung auf sein gelocktes Fell („Curly"). Miss Cox setzte sich dann mit Brian Stirling-Webb, dem Cornish-Züchter, in Verbindung und vertraute ihm die Katze an. Er beabsichtigte, die Blutlinien seiner Rasse mit dem Neuzugang aufzufrischen. Aus der Verpaarung von „Kirlee" mit einem Cornish-Weibchen kamen jedoch Kätzchen

Typ
Orientalisch

Ursprungsgebiet
Großbritannien

Ursprungszeit
1960

Nationalität
Großbritannien

Offizielle Anerkennung
1967

Temperament
extrem gesellig, hoher Bedarf an Zuwendung, sehr aktiv

Kurzhaar

Devon Rex Tabby Point, Black Smoke und Tortie

Devon Rex Schwarz

mit normalem Fell zur Welt. Damit zeigte sich, dass „Kirlees" Locken anderen genetischen Ursprungs waren. „Kirlee" wurde an Miss Cox zurückgegeben, diese verpaarte ihn mit der Tochter „Golden Rain". Daraus entstanden die ersten drei Generationen von Devon-Rex-Katzen. „Golden Rain" erwies sich als Trägerin beider Rex-Gene (Gen 1 – Cornish und Gen 2 – Devon), die zwei unterschiedliche spontane Mutationen darstellten. Die Devon Rex wurde von der GCCF (*Governing Council Cat Federation*), dem größten Verband in Großbritannien, 1967 offiziell anerkannt. Kurze Zeit später wurden einige Exemplare in die USA exportiert, wo sie von einigen anderen Verbänden anerkannt wurden. Die CFA registrierte beide Rex-Rassen anfangs gemeinsam, erst 1979 gestand sie der Devon einen eigenen Status und 1983 die Zulassung zu den Meisterschaften zu. In Italien wurde die erste Devon Rex 1979 eingeführt, sie stammte aus der Schweiz und befand sich im Besitz des Florentiners Jerry Weaver.

Standard: Die Devon ist eine mittelgroße bis kleine, hochbeinige Katze mit mäßig lang gestrecktem Körper. Der Kopf ist keilförmig, etwas länger als breit mit stark ausgeprägten, hohen Wangenknochen. Schnauze und Nase sind kurz mit deutlichem Stopp. Die Stirn ist gewölbt, der Oberkopf flach. Das Halbprofil des Kopfes zeigt drei konvex geschwungene Linien an der Ohrkante, entlang der Wangenknochen und der Schnurrhaarkissen. Schnurrhaare und Wimpern sind kurz, drahtig und gewellt. Die Ohren sind sehr groß, setzen eher tief an und sind außen relativ reichlich behaart, innen dagegen fast kahl. Die Augen sind groß und leicht oval geformt, die Farbe hängt von der Fellfarbe ab. Der Schwanz ist lang, dünn und spitz und sollte weder kahl noch zu stark behaart sein. Die Beine sind lang und dünn mit kleinen, ovalen Pfoten. Die Hinterbeine sind länger als die Vorderbeine. Das Fell ist kurz, fein und gewellt. In abgeschwächter Form sind nicht nur Deckhaar und Schutzhaar, sondern auch Unterhaar vorhanden, die Locken sind im Vergleich zur Cornish größer und weniger kompakt. Manchmal ist bei der Devon Rex der Bauch nur von einem leichten Flaum überzogen, erwünscht ist allerdings, dass das Fell den ganzen Körper bedeckt.

Charakter: Zum besonderen Aussehen kommt bei dieser Rasse auch ein ganz besonderer Charakter: Da die Devon praktisch völlig vom Menschen abhängig ist und ohne ihn nicht überlebensfähig wäre, gibt es nur extrem gesellige, anhängliche Exemplare mit einem sehr hohen Bedarf an Zuwendung. Die Devon liebt Körperkontakt und legt sich gerne auf die Schulter ihres zweibeinigen Kameraden. Auch an Artgenossen schmiegt sie sich dicht an, beim Schlafen liegen diese Katzen oft aufeinander. Die Devon braucht einen erfahrenen Besitzer, der sie versteht und bereit ist, ihr viel Zeit zu widmen. Sie ist wenig aggressiv, sehr gesprächig, verspielt, aktiv und sensibel. Sie ist oft ängstlich und leicht zu erschrecken, daher sollte sie äußerst sanft behandelt werden. Die Devon kann gut auch in einer kleinen Wohnung leben, vorausgesetzt, sie ist gut geheizt, doch man sollte sie nicht allein lassen. Sie ist sehr gefräßig, eventuell versucht sie damit den mangelnden thermischen Schutz durch das dünne Fell auszugleichen. Auf nicht zu reichliche Kalorienzufuhr ist zu achten, da sie zu Übergewicht neigt.

Die Devon-Kätzchen reifen schnell heran, sie öffnen die Augen schon früh und erreichen die Geschlechtsreife mit sieben oder acht Monaten. Die Devon ist kompakter und kräftiger als die Cornish, hat einen größeren, kürzeren Kopf und sehr große, für diese Rasse charakteristische Ohren.

Pflege: Als ausgewachsenes Tier ist die Devon ziemlich robust, doch die Kätzchen sind sehr empfindlich. Die Sterblichkeitsrate unter den Neugeborenen ist im Vergleich mit anderen Rassen hoch. Durch das dünne Fell ist sie empfindlich gegen Zugluft und Temperaturschwankungen, sie braucht ein trockenes Ambiente mit konstanter Temperatur. Wenn man sie an kühlen Tagen außer Haus mitnimmt, sollte man sie entsprechend mit einem Wolljäckchen oder einer Decke schützen. Die Fellpflege ist einfach, man glättet das kurze Fell mit den Händen. Ein Bad ab und zu ist gut für den Glanz und die Gesundheit der Haut. Früher trat Spastik als relativ häufige, schwere genetische Anomalie in der Population auf. Um dieses Risiko in den Griff zu bekommen, wurden die Daten aller befallenen Katzen und Träger des rezessiven Gens gesammelt. Manche Verbände geben auch an, zu welchem Prozentsatz diese Anomalie in der betreffenden Blutlinie vorkommt. Dank dieser Vorsichtsmaßnahmen konnte das Auftreten dieser Störung in letzter Zeit erheblich reduziert werden.

Devon Rex Schwarz

Farben: Alle Farben sind zugelassen, auch in Kombination mit Weiß in jedem beliebigen Verhältnis. Kleinere weiße Flecken sind auch bei Farben erlaubt, bei denen dies sonst eigentlich ein Ausschlussgrund wäre. Um das typische Merkmal der

Devon Rex Blue-Cream Tortie Tabby

Devon Rex, das gewellte Fell, zu fixieren, wurden anfangs nur blutsverwandte Tiere verpaart. Später wurden dann auch andere Rassen eingekreuzt, was nicht nur zu besserer Gesundheit, sondern auch zu einer großen Vielfalt an Fellfarben und -mustern geführt hat. Exemplare mit Siam-Markierungen nennt man auch bei der Devon Si-Rex.

Das Rex-Gen

Der Beiname Rex leitet sich von einer Kaninchenrasse mit ebenfalls gewelltem Fell namens Castor Rex ab. Die beiden Rex-Katzenrassen sind genetisch nicht miteinander verwandt. Bei der Cornish Rex nennt sich das rezessive, für das gewellte Fell verantwortliche Gen „r2", bei dieser Varietät fehlt die Unterwolle. Bei der Devon Rex wirkt das Gen „re", es sind sowohl Schutz- und Deckhaare als auch Unterwolle vorhanden, jedoch in gewellter Form.

Devon Rex Brown Tabby

Sphynx

Typ	Orientalisch
Ursprungsgebiet	USA
Ursprungszeit	1975
Nationalität	USA
Offizielle Anerkennung	1998
Temperament	sehr anhänglich, hoher Bedarf an Zuwendung und Körperkontakt, sensibel
Kurzhaar	

Das Hauptmerkmal der Sphynx ist das fast völlige Fehlen der Behaarung. Aus diesem Grund ist sie auch als Hauskatze für Personen geeignet, die an Katzenhaarallergie leiden. Doch obwohl die Haarlosigkeit der Sphynx das Risiko eines Auftretens dieser Allergie erheblich verringert, gibt es dennoch keinerlei Garantie dafür, dass es nicht doch bei der einen oder anderen Person zu allergischen Reaktionen kommt. Bevor ein Allergiker also solch ein Tier mit nach Hause nimmt, sollte er sich vergewissern, ob er auch tatsächlich nicht auf die Katze reagiert.

Moderne Geschichte: Das Fehlen der Körperbehaarung ist eine Mutation, die bereits zu verschiedenen Zeiten und an den unterschiedlichsten Orten aufgetreten ist. Der erste Versuch, eine haarlose Katzenrasse zu selektieren, erfolgte in Kanada und geht auf das Jahr 1960 zurück. Dort befand sich unter den Jungen einer schwarz-weißen Kätzin namens „Elizabeth" ein vollkommen haarloses Kätzchen. Die Zuchtbestrebungen brachten aber vorerst nicht die gewünschten Erfolge. Aus diesem Grund erkannte ihr die CFA auch 1971 den provisorischen Anerkennungsstatus ab und begründete diese Entscheidung damit, dass das Fehlen der Behaarung wohl auf eine tödliche genetische Mutation zurückzuführen sei. 1975 tauchten die Sphynx jedoch in Wadena (Minnesota) wieder auf. Dort befand sich unter dem Wurf der Kurzhaarkätzin „Jezabelle" ein nacktes Kätzchen, die Besitzer Milt und Ethelyn Pearson nannten es „Epidermis". Im folgenden Jahr wurde „Dermis" geboren, ein weiteres Weibchen. Die beiden Katzen wurden an Kim Mueske aus Oregon weitergegeben, und „Dermis" wird zu einer der wichtigsten Stammmütter der neuen Rasse. 1978 fand man drei nackte Katzen in Toronto, Ontario, auf der Straße. Der Kater „Bambi" war bereits 18 Jahre alt, ein Beweis für die gute Gesundheit und Überlebensfähigkeit der Rasse. Die beiden Weibchen „Punie" und „Paloma" wurden zu Hugo Hernandez nach Holland geschickt, wo sie die europäische Sphynx-Linie begründeten. Dieselbe Mutation wurde in mehreren aufeinander folgenden Würfen beobachtet, sowohl in Kanada als auch in den USA.

Sphynx Tortieshell

Standard: Mittelgroße, mäßig lang gestreckte Katze mit breiter Brust und ausladendem, aber nicht fettem Unterbauch. Der Knochenbau ist relativ kräftig und die Muskulatur gut ausgebildet. Der Kopf bildet ein stumpfes Dreieck und ist etwas länger als breit mit gewölbtem Oberkopf und flacher Stirn. Wimpern und Schnurrhaare können vollständig oder unvollständig vorhanden sein oder auch fehlen. Das Profil weist einen leichten Stopp auf, die Wangenknochen sind markant, die Schnurrhaarkissen gewölbt.

Die Ohren sind sehr groß, innen ganz kahl und dürfen weder zu weit auseinander noch zu nahe zusammen stehen, die Augen sind groß und rundlich zitronenförmig, die Augenfarbe harmoniert mit dem Farbschlag, auch Grün ist möglich. Der Hals ist lang und dünn. Die Beine sind mittellang und mager, aber nicht filigran. Die ovalen Pfoten haben lange Zehen und dicke Fußballen. Der gut zum Körper proportionierte Schwanz ähnelt einer Peitsche oder einem Rattenschwanz und kann am Ende ein kleines Haarbüschel tragen. Die Sphynx wird zwar oft als nackte Katze bezeichnet und sieht auf den ersten Blick auch so aus, doch in Wirklichkeit ist sie nicht völlig kahl. Die Haut weist einen leichten, samtigen Flaum auf, die Haare müssen so fein sein, dass man sie beim Berühren fast nicht wahrnimmt. Spärliche Behaarung kann auf der Nase, der Schnauze, der Außenseite der Ohren, am Schwanzende und bei Männchen an den Hoden vorhanden sein. Die Kätzchen sehen sehr faltig aus. Einige Falten müssen auch beim ausgewachsenen Tier vorhanden ein, etwa am Oberkopf. Aber sie sollen nicht so extrem ausgeprägt sein, dass sie die Funktion der Ohren oder Augen beeinträchtigen.

Sphynx Schwarz-Weiß

Charakter: Sphynx-Katzen haben eine ausgeprägte Persönlichkeit, sie sind sehr anhänglich und gesellig. Andere Haustiere, auch Hunde akzeptieren sie problemlos. Sie suchen aktiv die Gesellschaft der Menschen und den direkten Körperkontakt, sie schlafen gerne unter der Bettdecke oder im Arm ihrer zweibeinigen Gefährten. Sie sind mäßig aktiv und sensibel, zeigen reges Interesse an ihrer Umgebung und schnurren unablässig. Sie schließen gern Freundschaft und lieben das Spielen. Die Sphynx ist geduldig und anpassungsfähig und gewöhnt sich schnell an neue Situationen jeder Art. Dadurch ist sie ein ideales Haustier und auch gut für Ausstellungen geeignet. Der hoch getragene Kopf verleiht dieser Rasse eine edle, elegante Haltung.

Pflege: Da ihr das Fell, das bei ihren Artgenossen den von der Haut ausgeschiedenen Talg aufnimmt, fehlt, muss die Haut der Sphynx speziell gepflegt werden. Die großen, offenen Ohren besitzen ebenfalls keine Haare, die den von außen eindringenden Staub und Schmutz abfangen würden, daher müssen sie regelmäßig kontrolliert und gesäubert werden. Außerdem ist die Sphynx durch das fehlende Fell nicht nur kälte-, sondern auch hitzeempfindlich. In der prallen Sonne zieht sie sich leicht einen Sonnenbrand zu, besonders an den Stellen, wo die Haut weiß ist. Zur Erhaltung der Rasse sind manchmal Einkreuzungen von Devon Rex nötig. Aus der Verpaarung einer homozygoten Sphynx (mit beiden rezessiven Allelen für die fehlende Behaarung) mit einer Devon gehen heterozygote Sphynx-Kätzchen (mit einem Allel für das Rex-Fell) hervor.

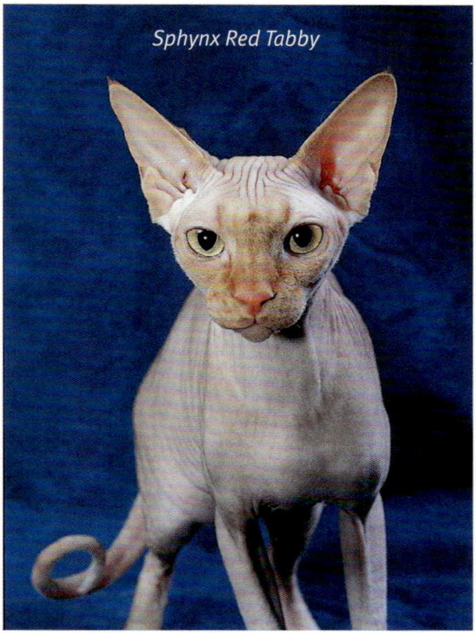
Sphynx Red Tabby

Farben: Alle Farben und Muster sind zulässig, auch Colourpoint und Bicolour. Auch weiße Flecken sind zugelassen. Die Farbe des Körpers hängt nicht von der Farbe der nur als kaum sichtbarer Flaum vorhandenen Fellhaare ab, sondern von der Pigmentierung der Haut.

Sphynx Red Mackerel Tabby

Die Katze ist nicht das einzige Haustier, das es auch in einer haarlosen Variante gibt: Bekannte nackte Hunderassen sind zum Beispiel der mexikanische Xoloitzcuintle, der peruanische Nackthund und der Chinese Crested Dog. Außerdem gibt es eine nackte Mäuseart für Laborzwecke.

Hauskatze

Typ
Semi-Foreign

Ursprungsgebiet
Ägypten

Ursprungszeit
6000 v. Chr.

Nationalität
auf der ganzen Welt verbreitet

Offizielle Anerkennung
nicht als Rasse anerkannt

Varietäten
Varietäten mit halblangem Haar

Temperament
unabhängig, aktiv, zutraulich

Kurzhaar

Trotz der zunehmenden Verbreitung von Edelkatzen verschiedener Rassen ist die gewöhnliche Hauskatze immer noch das bekannteste und am meisten verbreitete Haustier des Menschen. Vielleicht liegt das zum Teil daran, dass es viele solcher Kätzchen in den verschiedensten Farben zum Nulltarif gibt. Zu einem viel größeren Teil verdankt sie ihre Beliebtheit ihrem natürlichen, anspruchslosen und zugleich faszinierenden Wesen, das sie in Jahrtausenden des lockeren bis engen Zusammenlebens mit den Menschen, zwischen häuslichem Leben und nächtlichen Umtrieben, zwischen Wäldern, Gärten und Stadthäusern entwickelt hat. Eben wegen ihrer größeren Unabhängigkeit von den Menschen hat die Hauskatze ein weniger spektakuläres Aussehen und einen reservierteren und unabhängigeren Charakter bewahrt.

Geschichten und Legenden: Was die Katze für uns Menschen symbolisiert, hängt eng damit zusammen, wie sie sich uns gegenüber verhält. Gerade ihr eigenwilliges, unabhängiges Wesen, das sie in die Lage versetzt, sich in einem Augenblick schnurrend an den Beinen ihres Ernährers zu reiben, im nächsten Moment aber schon davonzuspringen und womöglich zu einem ihrer lautstarken Liebesspiele zu eilen, führte dazu, dass man sie für mysteriös, ja sogar dämonisch hielt, umso mehr, als dass sie sich nie völlig den Regeln der Menschen unterordnete. Das nächtliche Umherstreifen und die funkelnden Augen trugen dazu bei, dass man im Mittelalter in ihr eine Inkarnation des Teufels sah. Auch als Symbol für Fruchtbarkeit, weibliche Sexualität und auch Mondzyklus bekleidete die Katze in so mancher Periode der Menschheitsgeschichte einen religiös mystischen Stellenwert. In heidnischen Kulturen wurde sie zum Kultsymbol. Gerade deswegen ist sie in der christlichen Welt schließlich auch im wahrsten Sinne des Wortes „verteufelt" worden. Die schwarzen Katzen waren in dieser Zeit am meisten gefährdet. Dass eine innerlich so schwarze Figur wie der Satan auch außen schwarz sein musste, lag auf der Hand! Nur wenige Katzen entkamen im Mittelalter dem Aberglauben und der Verfolgung in der Alten und Neuen Welt.

Hauskatze Tabby Spotted mit Weiß

Unter den unzähligen dokumentierten Beispielen ist unter anderem der Prozess gegen die Tempelritter zu nennen, in dessen Verlauf ihnen vorgeworfen wurde, bei ihren Satansmessen eine dämonische Katzengestalt anzubeten. Mitte des 15. Jahrhunderts schrieb Gerolamo Visconti über Hexen, die angeblich nachts in Gestalt von Katzen in die Häuser eindrangen, in denen Kinder schliefen. Der damalige französische Brauch, eine Katze in das Fundament eines Kirchenbaus einzumauern, symbolisierte den Sieg des Guten über das Böse. Das Gotteshaus sollte mit seiner mächtigen Masse und seinem Gewicht Satan und seine bösen Mächte unter sich begraben. An diese finsteren Zeiten erinnern heute nur noch einige Redensarten, Sprichworte und weniger dramatische abergläubische Rituale, dennoch ist und bleibt die Figur der Katze zwiespältig besetzt, einmal bringt sie uns Glück und Wohlstand, dann wieder Unheil und Verderben.

Frühe Geschichte: Unsere Hauskatzen sind direkte Nachfahren der ersten, im Alten Ägypten gezähmten und domestizierten Hauskatzen. Die Katze ist gleichzeitig das letzte domestizierte Haustier. Manche Autoren meinen sogar, sie sei das einzige Tier, dem es gelungen ist, den Menschen zu „zähmen", denn er bietet ihr Schutz und Nahrung, ohne selbst einen wirtschaftlichen Vorteil daraus zu ziehen. Seit der Zeit der Pharaonen hat sich die Katze über alle Kontinente ausgebreitet, zuerst entlang der Handelswege zwischen Afrika, dem Mittleren Osten, Nordeuropa und Asien. Tatsächlich waren die Handelsschiffe ihr bevorzugtes Transportmittel auf ihren Reisen, die Besatzung schätzte sie als diskrete Begleiterin und sie bewahrte die Vorräte vor den Angriffen hungriger Nager. So erreichte sie allmählich alle wichtigen Häfen der Welt und ist seither ein vertrauter Anblick an den Molen, oft wird sie auch mit einem Fisch im Maul dargestellt. Ursprünglich ist sie jedoch ein Waldbewohner, ein Jäger, dessen bevorzugte Beute kleine Säugetiere, Vögel und auch Insekten sind. Doch sie hat es mühelos geschafft, sich an die verschiedensten Lebensräume und klimatischen Bedingungen anzupassen. Im Gegensatz zur Entwicklung bei vielen anderen Haustieren wurden in den vergangenen Jahrhunderten keine Katzenrassen gezielt selektiert.

Hauskatze Schwarz-Weiß

Die große Vielfalt ist vielmehr auf das spontane Erscheinen neuer Merkmale in der Population zurückzuführen: Das lange Haar, die Farben Weiß und Blue, das Marmormuster (Tabby Blotched) oder die Siam-Markierungen sind an verschiedenen Orten unter den Hauskatzen spontan aufgetreten und haben sich über die Jahrhunderte auf dem See- und Landweg in alle vier Himmelsrichtungen ausgebreitet. Die Entwicklung der Hauskatze lässt sich anhand alter Dokumente verfolgen, neuerdings auch mittels der Entschlüsselung ihres genetischen Codes. Wenn man die Häufigkeit einer bestimmten Mutation in einer Population ermittelt und mit der Frequenz in anderen Regionen vergleicht, kann man eine Aussage über den Ursprungsort dieser Mutation treffen. Trotz der vielen unterschiedlichen Arten, wie das Fell strukturiert sein kann, und des unbestreitbaren Unterschiedes zwischen den größeren, kräftigeren Tieren aus den kälteren Klimazonen und den lang gestreckten, zierlichen Katzen der mediterranen Länder hat die Samtpfote doch über die Jahrtausende ein weitgehend gleich bleibendes morphologisches Erscheinungsbild bewahrt. Da sie oft genug auf sich selbst gestellt war und allein für ihre Nahrung sorgen musste, unterlag die Hauskatzenpopulation die ganze Zeit über einem harten, natürlichen Selektionsdruck. Nur die gesündesten, stärksten und geschicktesten Individuen überlebten, konnten sich fortpflanzen und ihre Merkmale an die Nachkommenschaft vererben. Daher konnten sich in der natürlichen Population keine extremen Merkmale festsetzen wie das sehr lange Haar der Perser, die kaum vorhandene Flaumbehaarung der Sphynx oder sehr schwerer oder filigraner Knochenbau.

Hauskatze Red Tabby Mackerel

Moderne Geschichte: Im Zuge der zunehmenden Verstädterung wächst die Hauskatzenpopulation schnell an. Aber im gleichen Maße, wie die Haus- und Wohnungskatze immer beliebter wird, entwickeln sich Straßenkatzen und Streuner mehr und mehr zur Plage. Meist gibt es kommunale Organisationen oder Vereine, die sich um die Kontrolle der herrenlosen Katzenpopulation kümmern, und oft genug wird einem Streuner von tierliebenden Menschen ein Zuhause gegeben. Die meisten Menschen in der Stadt und auf dem Lande suchen sich ihren zukünftigen Gefährten unter der gewöhnlichen Hauskatzenpopulation, sei es nun aus der Nachkommenschaft der Streuner oder der Gesellschaftstiere von Freunden und Verwandten. Ihre neue Rolle als Gesellschafts- und Schmusetier veränderte ihr Aussehen und ihren Charakter jedoch nicht, ganz im Gegensatz zu ihren noblen Artgenossen, den Edelkatzen. Da die in Haus oder Wohnung aufgenommenen Kätzchen fast immer kastriert werden, können sie die eigenen Merkmale nicht übertragen. Der Geburtenzuwachs kommt also immer noch hauptsächlich von den Land- und Straßenkatzen. Das heißt jedoch nicht, dass der Mensch nicht auch seinen Einfluss auf das Leben der Streuner hätte. In den Städten bilden sich Orte heraus, wo Nahrung in größeren Mengen vorhanden ist. Unter diesen Umständen wurden die Katzen, die ihrer Natur nach eigentlich Einzelgänger sind, plötzlich zu „Rudeltieren“, schließen sich zu matriarchalischen Gruppen zusammen und bilden sesshafte Kolonien. Der kleine „Stadtlöwe“ bleibt dennoch ein schlaues, schlankes und agiles Tier und ist unabhängiger und auch aggressiver als die meisten Rassekatzen. Bei Ausstellungen gibt es eine eigene Kategorie, in der auch rasselose Hauskatzen beurteilt werden.

Hauskatze Red Tabby Blotched mit Weiß

Standard: Für die Hauskatzen gibt es keinen so eng gefassten Standard wie für ihre „edlen“ Verwandten, denn sie sehen naturgemäß viel unterschiedlicher aus. Die größere Unabhängigkeit vom Menschen bedingte eine Morphologie, die noch weitgehend der der wilden Kleinkatzen gleicht. Sie ist so gebaut wie eine Katze sein muss, um auch auf sich allein gestellt überleben zu können: mittelgroß, kräftig und muskulös. Der Kopf ist stumpf dreieckig mit mittelgroßen, an der Spitze leicht abgerundeten Ohren, die weit auseinander stehen. Die Nase ist mittellang mit leichtem Stopp, die Kieferpartie kräftig. Die Augen sind zitronenartig oval geformt und schräg gestellt, meist sind sie grünlich gelb. Bei Rassekatzen wird eine reine Farbe verlangt, was bei Hauskatzen eher ungewöhnlich ist. Die Beine sind mittellang und weder zu kräftig, noch zu filigran gebaut, die Pfoten sind oval bis rund und fest. Der Schwanz ist mittellang mit breiter Wurzel und wird zur Spitze hin kontinuierlich schmäler. Das Fell besteht aus Deck-, Schutz- und Unterhaar und ist gewöhnlich dicht, kurz und anliegend, kann aber auch halblang sein, doch es ist niemals so dicht und abstehend wie bei der Exotic und nie so lang wie bei der Perserkatze. In den letzten Jahrzehnten hat die zunehmende Verbreitung von Rassekatzen dazu beigetragen, dass auch vom Menschen selektierte Charakteristika exotischer Rassen in die Blutlinien der Hauskatzen einfließen, doch meist verlieren sich diese ohne gezielte Selektion rasch wieder.

Charakter: Bei Rassekatzen wurde fast immer ein wenig aggressiver, geselliger, zutraulicher und mäßig aktiver Charakter selektiert, um die Tiere zu besser geeigneten Haus- bzw. Wohnungskatzen zu machen. Solche Wesenszüge sind selbstverständlich auch unter den gewöhnlichen Hauskatzen verbreitet, doch meist sind sie aktiver, weniger vertrauensselig, reservierter und unabhängiger als Edelkatzen. Doch da keine gezielte Selektion bestimmter Charaktermerkmale stattfand, ist die Bandbreite der Temperamente bei Hauskatzen viel größer. Sie können scheu oder zutraulich sein, aktiv oder ruhig, gesellig oder reserviert. Wer ein solches Kätzchen aufnimmt, wählt es meist aufgrund seines Aussehens aus, eventuell auch unter Berücksichtigung seines Verhaltens den Menschen gegenüber. Ein Kätzchen, das lautstark miaut und sich aus jeder Umarmung schnell befreit, wird sicher aktiver und „gesprächiger" sein als eines, das gleich schnurrend auf dem Schoß des Besuchers einschläft. Für das künftige Verhalten der Hauskatze sind die ersten Lebensmonate entscheidend. Es kommt ganz darauf an, wie die Phase der Sozialisierung durch die neue, zweibeinige „Familie" verläuft. Wer sich eine gewöhnliche Hauskatze wünscht, hat sicherlich auch keine so hohen Ansprüche oder vorgefassten Erwartungen an das Wesen des künftigen Gefährten und wird eher geneigt sein, auf seine Persönlichkeit einzugehen, wie immer diese auch beschaffen sein mag.

Pflege: Eine gewöhnliche Hauskatze ist äußerst pflegeleicht und anspruchslos. Doch auch unter diesen Vertretern der Kleinkatzen gibt es mehr oder weniger schwere Erkrankungen und ebenso wie bei Edelkatzen sollte das Fell regelmäßig gepflegt werden. Gesundheitsvorsorge in Form von Impfungen sowie eine ausgewogene Ernährung halten die Katze gesund. Die meisten Hauskatzen werden heute kastriert, unter anderem auch, weil ihr wirtschaftlicher Wert gering ist.

Hauskatze Weiß

Hauskatze Brown Tabby mit halblangem Haar

Farben: Die Farbpalette ist denkbar breit und enthält alle Muster und Markierungen, die auch in der Population der wilden Kleinkatzen vorkommen: Tabby Mackerel, Blotched und Spotted. Die Markierungen sind in der Regel weniger klar ausgeprägt als bei Edelkatzen. Einfarbige Varianten sind ebenfalls sehr verbreitet, reines Weiß ist eher selten, Schwarz kommt häufiger vor, auch Red, Cream oder die geschätzte Farbe Blue. Ebenfalls häufig sind Tortie, besonders in Schwarz-Rot, und Calico. Zweifarbige Katzen treten mit allen möglichen Farbverteilungen auf, in allen Farben und auch mit Tabby-Scheckung. Wegen der zufälligen Verpaarungen mit Rassekatzen kommen sogar die Siam-Markierungen und die Farben Chocolate und Lilac vor.

Glossar

Affix
So bezeichnet man den oft fantasievollen Beinamen, den Rassekatzen erhalten. Er weist auf den Züchter hin und wird allen offiziell registrierten und im Zuchtbuch eingetragenen Kätzchen einer Zucht gegeben. Das Affix kann dem individuellen Namen voran- oder nachgestellt sein und wird dem Züchter von einer nationalen oder internationalen Organisation genehmigt.

Agouti
Grundfarbe der Tigerkatzen, die Tigerung ist ein Resultat der verschieden stark bzw. oft gebänderten Einzelhaare.

Allel
Alternativform eines Gens; Allele können auf homologen Chromosomen dieselbe Position einnehmen und verschiedene Erbfaktoren enthalten. Die vom selben Gen abstammenden Allele werden in einer Allelgruppe zusammengefasst. Bei der Katze beispielsweise enthält die für die Fellfarbe verantwortliche Allelgruppe die Allele für den Siam-, Burma- und Abessinier-Phänotyp.

Anorexie
Krankheit oder Verhaltensstörung, die sich durch Verweigern der Nahrung manifestiert.

Audiogramm
Die Bandbreite des Hörvermögens im Sinne der Wahrnehmung reiner Töne.

Chromosomen
Kleine X- und Y-förmige Gebilde aus Proteinen und DNA, die von den Eltern an die Nachkommen weitergegeben werden, Erbinformationen tragen und das Geschlecht des Ungeborenen bestimmen.

DNA
Desoxyribonucleinsäure, auch DNS genannt. Sie ist Träger der gesamten Erbinformation eines Individuums und Hauptbestandteil der Gene.

Domestizierung
Von Domestizierung spricht man, wenn Tiere zu wirtschaftlichen oder anderen Zwecken in Gefangenschaft gehalten werden und die Gemeinschaft ihre Fortpflanzung, ihr Revier und ihre Nahrungsquellen kontrolliert.

Dominantes Gen
Ein Gen, das im Phänotyp auch zum Ausdruck kommt, wenn es mit einem rezessiven Allel zusammentrifft. Ein dominantes Gen genügt, damit sich der Erbfaktor phänotypisch manifestiert.

Entwöhnung
Bei Säugetieren das Ende der ausschließlichen Ernährung mit Muttermilch. Normalerweise werden die Tiere zu diesem Zeitpunkt auch allgemein unabhängiger von der Mutter.

Flehmen
Mit diesem Terminus bezeichnet man eine bei Männchen unter Säugetieren verbreitete Mimik. Man kann sie besonders dann beobachten, wenn sich die Männchen mit Hilfe des Geruchs- und Geschmackssinns Informationen über die Empfänglichkeit eines Weibchens verschaffen wollen. Katzen flehmen, wenn sie einen scharfen Geruch wie etwa Urin wahrnehmen. Sie inhalieren die Luft mit halb geöffnetem Maul, starrem Blick, hoch erhobenem Kopf und erweiterten Nasenflügeln und atmen langsam ein.

Gen
Grundeinheit der Erbinformationen. Es handelt sich um einen Abschnitt der DNA, auf dem ein Erbfaktor wie etwa eine Funktion oder ein Merkmal kodiert ist.

Genotyp, genotypisch
Die genetischen Merkmale eines Individuums ohne Rücksicht darauf, ob sie zum Ausdruck kamen.

Hormone
Von endokrinen Drüsen ausgeschiedene Substanzen, die organische Funktionen steuern wie etwa Wachstum, Stoffwechsel und Fortpflanzung.

Inzucht
Verwandtschaftliche Beziehung aus einer gemeinsamen genetischen Abstammung. Die Verpaarung nahe verwandter Individuen reduziert die genetische Variabilität. Langfristig gesehen ist das problematisch, denn die Nachkommenschaft wird immer anfälliger für Erbkrankheiten.

Kastration
Chirurgischer Eingriff, bei dem bei Weibchen die Eierstöcke und bei Männchen die Hoden entfernt werden. Maßnahme zur Vermeidung unerwünschten Nachwuchses und des Sexualverhaltens.

Künstliche Selektion
Vom Menschen durchgeführte Selektion von Haustieren. Der Züchter sorgt dafür, dass sich nur Individuen fortpflanzen, die die erwünschten Charakteristika aufweisen und fixiert diese somit in der Population.

Mutation
Jede Veränderung im Genotyp eines Lebewesens, die im Bereich der Gene, der Chromosomen oder des gesamten Genoms erfolgen kann.

Phänotyp, phänotypisch
Die Gesamtheit der genetischen Merkmale, die bei dem entsprechenden Individuum zum Ausdruck kamen.

Rasse
Gruppe gezüchteter Tiere mit gleichen Merkmalen. Diese Merkmale sind vererbbar und unterscheiden die Gruppe von anderen Vertretern der Spezies. Es handelt sich um das Endprodukt der Domestizierung.

Revier
Bestimmtes, von einem einzelnen Tier oder einer Gruppe bewohntes Gebiet, das gegen Eindringlinge verteidigt wird.

Rezessives Gen
Ein Gen, das phänotypisch nicht in Erscheinung tritt, wenn es nicht auf beiden Chromosomen homolog vorhanden ist.

Sexualhormone
Hormone, die die Ausbildung und die Funktion der Geschlechtsorgane und -merkmale sowie die Fortpflanzung steuern. Testosteron ist für das männliche Sexualverhalten verantwortlich, Progesteron und Prolaktin spielen beim Weibchen in Bezug auf Pflege und Ernährung des Nachwuchses eine Rolle.

Sozialisierung
Entwicklungsphase, in der die Kätzchen lernen, ihre Artgenossen zu erkennen und diesen die richtigen Signale zu senden. In dieser Phase kann das Tier auch lernen, sein Sozialverhalten anderen Spezies anzupassen.

Standard
Morphologische Beschreibung der Merkmale einer Rasse wie Gewicht, Form der Augen, Farbe und Struktur des Fells.

Vertrautes Umfeld
Das Umfeld, in dem ein Tier normalerweise lebt und wo es jeden Winkel kennt. In diesem umschriebenen Gebiet finden die Tiere alles, was sie zur Deckung ihrer Grundbedürfnisse brauchen, die Gefahren kennen sie gut genug, um sie zu meiden.

Zahmheit, zähmen
Ein wildes Tier, für das der Mensch sorgt und das deswegen in dessen Gegenwart keine Flucht- oder Angstreaktionen zeigt, nennt man zahm. Die Zahmheit kann eine Übergangsstufe zur Domestizierung darstellen.

Register

Erstveröffentlichung 1999 unter dem Titel „Gatti“

Genehmigte Lizenzausgabe
Neuer Kaiser Verlag GmbH
Fränkisch-Crumbach 2012
www.neuer-kaiser-verlag.de

ISBN (13) 978-3-8468-0003-4
ISBN (10) 3-8468-0003-1

Übersetzung: Manuela Eder
Fachlich redigiert: Dr. Dr. med. vet. Georg Rainer
Layout, Satz und Umschlaggestaltung:
design cat GmbH

Bildnachweis:
Alle Fotos dieses Bandes stammen vom Centro Iconografico dell' Istituto Geografico de Agostini, mit Ausnahme der Fotos auf folgenden Seiten:
147, 153, 158 (Excalibur)
Shutterstock: dien 68–69/Joyce Michaud 4/
Medvedev Andrey 210/Nikolay Petkov
Cover Back, 2–3/Volfoni Cover Front